低碳时代的城市规划与管理探究

王大勇 著

中国商务出版社
CHINA COMMERCE AND TRADE PRESS

图书在版编目(CIP)数据

低碳时代的城市规划与管理探究 / 王大勇著. --北京：中国商务出版社,2017.12

ISBN 978-7-5103-2231-0

Ⅰ.①低… Ⅱ.①王… Ⅲ.①城市规划－研究②城市管理－研究 Ⅳ.①TU984②F293

中国版本图书馆 CIP 数据核字(2017)第 323348 号

低碳时代的城市规划与管理探究
DITAN SHIDAI DE CHENGSHI GUIHUA YU GUANLI TANJIU

王大勇　著

出　　版	中国商务出版社
地　　址	北京市东城区安定门外大街东后巷 28 号
邮　　编	100710
责任部门	职业教育事业部(010-64218072　295402859@qq.com)
责任编辑	周　青
网　　址	http://www.cctpress.com
邮　　箱	cctp@cctpress.com
照　　排	北京亚吉飞数码科技有限公司
印　　刷	北京亚吉飞数码科技有限公司
开　　本	787 毫米×1092 毫米　1/16
印　　张	16.75　字　数：217 千字
版　　次	2018 年 5 月第 1 版　2024 年 9 月第 2 次印刷
书　　号	ISBN 978-7-5103-2231-0
定　　价	59.00 元

凡所购本版图书有印装质量问题,请与本社总编室联系。(电话：010-64212247)

版权所有　盗版必究(盗版侵权举报可发邮件到本社邮箱:cctp@cctpress.com)

前　言

　　世界各国在发展工业的过程中，都需要大量的自然资源特别是化石能源。而化石能源的使用，产生了大量的二氧化碳等温室气体，导致全球的气候发生了极为剧烈的变化，各种自然灾害也频频发生。气候的变化和自然灾害的频发，不仅给社会经济的发展以及人民的生命财产造成了巨大损失，而且严重危害到人类的生存环境。面对这一现状，世界各国日益认识到减少碳排放量、保护环境的重要性，并开始大力倡导发展低碳经济、建设低碳生态城市。

　　近年来，为了实现经济与环境效益的双赢，促进政治、经济、社会的可持续发展，我国也在积极发展低碳经济、建设低碳生态城市。而低碳生态城市的建设能否得到有效落实，与城市规划与管理中是否真正融入了低碳理念有着极为密切的关系。为此，特撰写了《低碳时代的城市规划与管理探究》一书，以期在深入分析如何在低碳时代进行城市规划与管理的基础上，为适合我国国情的低碳城市发展模式探索提供一些有益的借鉴。

　　本书共包括绪论和十章内容，绪论部分对气候变化与城市规划、低碳理念下城市规划的可能性、基于低碳理念的我国城市规划编制框架等内容进行了详细阐述；第一章对低碳时代城市规划的基本概念进行了具体分析；第二章对低碳时代城市规划的编制与审批进行了详细论述；第三章系统探讨了低碳时代城市总体规划的相关内容；第四章对低碳时代的城市分区规划进行了深入探究；第五章对低碳时代的城市详细规划进行了具体研究；第六章系统分析了低碳时代的城市专项规划；第七章对低碳时代城市更新改建规划的相关内容进行了详细分析；第八章对低碳时代的生态型城市规划进行了具体探究；第九章对低碳时代城市规划评价的相关内容进行了详细阐述;第十章深入分析了低碳时代城市规划管理的相关内容。本书在具体的论述过程中,注重理论与实践相结合,而且具有较强的学术性、实用性、前瞻性和针对性。另外,本书的内容全面系统,结构清晰,逻辑严谨,语言简练。相信本书的出版,能够为低碳时代的城市规划提供一些有益借鉴。

  本书在撰写过程中,参考了城市规划方面的相关著作,也对国内外大量的研究成果进行了参阅、吸收和采纳,由此获得了丰富的研究资源。在此,向这些学者致以诚挚的谢意。由于时间、水平与精力有限,本书难免存在一些不足之处,恳请广大读者批评指正。

作　者

2017 年 11 月

目 录

绪论 …………………………………………………………… 1

第一章 低碳时代城市规划的基本概念 ………………… 7

第一节 城市与城市化 ……………………………………… 7
第二节 城市规划的基本概念与社会经济背景 ………… 19
第三节 城市规划的工作内容及特点 …………………… 26
第四节 城市规划体系的构成与改革 …………………… 29
第五节 城市规划相关关系分析 ………………………… 33

第二章 低碳时代城市规划的编制与审批探究 ………… 36

第一节 城市规划编制的体系与技术方法 ……………… 36
第二节 城市规划的分级审批 …………………………… 44

第三章 低碳时代城市总体规划探究 …………………… 46

第一节 城市总体发展战略与规划目标 ………………… 46
第二节 城市总体规划的用地分析 ……………………… 52
第三节 城市总体布局与功能分区 ……………………… 60
第四节 城市总体规划编制的成果要求 ………………… 69

第四章 低碳时代城市分区规划探究 …………………… 72

第一节 城市分区规划的内涵与发展历程 ……………… 72
第二节 城市分区规划的主要内容与原则 ……………… 79
第三节 城市分区规划的程序与成果要求 ……………… 86

第五章 低碳时代城市详细规划探究 …… 92

第一节 城市详细规划的编制原则与编制层次 …… 92
第二节 控制性详细规划与修建性详细规划分析 …… 94
第三节 重点街区详细规划与工业园区详细规划分析 … 102

第六章 低碳时代城市专项规划探究 …… 115

第一节 城市交通规划分析 …… 115
第二节 城市绿地规划分析 …… 125
第三节 城市给排水规划分析 …… 130
第四节 城市管线与防灾规划分析 …… 135
第五节 城市供电与供热规划分析 …… 143

第七章 低碳时代城市更新改建规划探究 …… 151

第一节 城市更新改建的内涵 …… 151
第二节 我国城市更新存在问题与解决措施分析 …… 154
第三节 城市更新改建的规划内容 …… 159

第八章 低碳时代生态型城市规划探究 …… 174

第一节 生态城市的理论基础 …… 174
第二节 城市生态资源承载力评估 …… 178
第三节 城市生态空间安全格局分析 …… 182
第四节 生态城市改造分级关键技术 …… 186

第九章 低碳时代城市规划的评价探究 …… 205

第一节 城市规划评价的概念与类型 …… 205
第二节 城市总体规划环境影响评价 …… 211
第三节 城市总体规划实施的评价分析 …… 215

第十章 低碳时代城市规划的管理探究 …… 221

第一节 城市规划管理的体系分析 …… 221

第二节　城市规划的行业管理 …………………… 227
第三节　城市规划的实施管理 …………………… 239
第四节　城市规划的监督检查管理 ………………… 246

参考文献 ……………………………………………… 255

绪 论

低碳生态城市建设已成为国家城市建设的重要发展目标,为此,在开展城市规划工作时必须顺应低碳生态规划建设的发展趋势,真正通过低碳城市规划来寻求城市的健康、可持续发展。

一、气候变化与城市规划

全球气候变化对人类社会必然会产生一系列的影响,在水、生态系统、粮食、海岸带、健康、特殊事件等方面,有些是不可避免的,需要人类社会采取适应性方法应对;有些是可以通过人类自身的努力,例如减排温室气体等,减缓其对人类社会的影响。应当如何通过技术、政策和规划创新实现这一减排目标,是我国面临的重要挑战。如何破解这一格局,基于气候变化的城市规划创新也就成为关键的科学问题之一。早在1992年通过的《联合国气候变化框架公约》就指出:应对气候变化,一是通过减少温室气体排放以减缓变化,二是适应气候变化的影响。在城市层面,这种减缓和适应主要集中在建筑、能源、供水、供热、垃圾处理、交通和土地利用规划。也就是说,城市规划必须要与气候变化相适应。

在当前,随着城市化、工业化、机动化的快速推进,碳排放的不断增加使自然系统和资源的压力越来越大,直接导致了全球气候变化和生态环境的不断恶化,低碳化发展首先成为应对全球气候和促进人与自然和谐相处的重要领域。由于城市化地区也是主要的温室气体排放源地区,因此将低碳理念引入城市化地区的规划领域,对减缓气候变化无疑具有十分重要的意义和科学价值。

由于气候变化的影响已不可避免,部分影响甚至可能不可逆转,适应气候变化已经成为应对气候变化的重要组成部分。因此,在进行城市规划时,需要将适应气候变化措施纳入规划之中,即编制城市适应性规划。具体而言,城市适应性规划的编制可从以下几个层面展开:在城市总体规划层面,需要对气候的变化模型、气候的多方面影响、城市的土地利用状况、城市的基础设施、城市的能源等进行综合性的规划;在城市区域规划层面,需要编制能够对沿海地带的极端情况进行有效应对的海岸线总体规划;在城市社区规划层面,需要编制具有统一性、战略性、参与性及可变性的对气候变化的风险进行有效应对的规划。

二、低碳理念下城市规划的可能性

在当前,将低碳理念引入我国的城市规划之中具有很大的可能性,这主要是通过以下几个方面表现出来的。

(一)我国的国情要求实施低碳城市规划

我国政府曾在2009年提出单位GDP能耗以及单位GDP的CO_2排放量到2020年时要与2005年分别降低40%~60%和50%的具体目标。在当前,我国政府为了实现这一目标,正在积极采取有效的措施以降低CO_2等温室气体的排放量。但是,由于我国现实国情的制约,这一目标的实现是十分困难的。我国目前正处于城市化和工业化迅速发展的重要时期,对能源的需求与消耗量都十分巨大,但我国现阶段的能源结构仍以化石燃料为主,而化石燃料的使用必然会导致CO_2的产生;在我国的产业发展中,占据主导地位的仍然是包括重工业在内的制造业,而制造业的运转会排放大量的温室气体;我国现阶段使用的能源多为煤炭等传统能源,不仅能源的转化效率低,而且煤炭的燃烧会释放大量的温室气体;我国作为一个人口大国,虽然人均CO_2等的排放量处于一个相对偏低的水平,但是总的排放量却是全球最高的。因此,在今后很长一段时间内,利用一切可行的途径与手段来降低室气体排放量将会成为我国社会经济发展的一项重要任务,也是我国政府未来开展工作的一项重要内容。由于城市中聚集了大量的人口、产业,且交通密集,是地球上能源消耗强度最高的地区。因此,我国在开展温室气体减排工作时,要将城市温室气体的排放放在一个重要的位置。为此,我国需要大力发展低碳城市。而低碳城市的建设,需要有切实融入了低碳理念的城市规划为指导。

(二)低碳城市规划是我国实现低碳目标的现实选择

城市规划深受城市社会经济运行模式的影响,因此在制定城市规划的目标以及选择实现城市规划目标的具体措施时,要高度依据个人以及社会对于生活方式的选择状况。具体来说,当个人的理想生活方式是资源节约型生活方式时,城市规划便可以为个人实现这种生活方式提供一种可能,即在进行城市规划时将资源节约型生活方式变为一个重要的规划前提。从这一角度来说,要有效降低温室气体的排放量,城市规划可以发挥重要的作用。

在温室气体的减排过程中,虽然城市规划并不能直接提供温室气体减排的相关技术或措施,也不能决定个人以及社会对生活方式的选择。但是,在城市活动空间化的过程中,城市规划依然起着极为重要或者决定性的作用。这是因为,能够有效减少温室气体排放的各种技术与措施,如土地利用模式、交通组织方式、建筑节能技术等都需要通过城市规划整合并落实到城市空间的具体建设之中。此外,个人、社会最终所选择的生活方式及其生活方式的改变,要想得到有效落实和实施也必须借助城市规划。

总之,通过低碳城市规划可以促进我国低碳目标的有效实现,为我国社会的可持续发展提供重要的技术支持。

(三)城市规划自身应积极适应低碳发展的趋势

在城市的建设与发展过程中,城市规划本身就发挥着重要的作用。因此,在城市面对减少温室气体排放这一重要的问题时,城市规划也应有所作为。不过,在利用城市规划解决这一问题时,还要充分认识到其本身所具有的局限性。首先,在制定与实施城市规划的过程中,必须充分考虑到社会的整体价值判断与选择,即是沿着工业革命开启的"标准化、大生产、大消费、郊区化"的生活方式继续发展,还是选择"低碳"的生产与生活方式。其次,城市规划中需要对各种"低碳"思想以及"低碳"技术都有所表现,但是这些思想与技术之间很容易产生矛盾,继而引发新的问题。因此,城市规划要想使各种"低碳"思想以及"低碳"技术都充分发挥出自己的作用,必须对它们进行有效整合。同时,低碳城市规划也需要依据社会的发展现实不断对自己的编制技术进行个性。

三、基于低碳理念的我国城市规划编制框架

低碳城市规划将有着不同目标和需求的社会群体、经济系统、基础设施和实体空间,通过低碳城市规划理念、低碳城市规划指标体系、低碳城市规划方法和规划方案公众参与等,实现低碳城市社会"共识"的追求。在当前,我国城市规划中也在积极引入低碳理念,并不断完善我国低碳城市规划编制框架。具体而言,我国低碳城市规划编制框架需要包括以下几方面的内容。

(一)低碳城镇体系规划

低碳城镇体系的空间范围以建设部令第146号《城市规划编制方法》内的市域城镇体系规划为依据。市域城镇体系规划基本上包含了整个城市行政区,主要的规划重点是提出市域城乡统筹的发展战略,协调中心城市与相邻行政区域在空间发展布局、重大基础设施和公共服务设施建设、生态环境保护、城乡统筹发展等方面进行的规划。市域城镇体系规划作为一个上层次的法定规划,是推动低碳生态城镇化的重要规划环节,提供了中心城与下层次详细规划的宏观规划依据。市域城镇体系规划的内容明确要包括生态环境、土地和水资源、能源等方面的保护与利用;又

要确定市域交通发展策略、能源、供水、排水、防洪、垃圾处理等重大基础设施。低碳城镇体系规划就是要通过这些法定规划要求与空间管制措施达到低碳生态规划的目的。

(二)低碳城市总体规划

城市总体规划方面的低碳对策无外乎包括减少碳排放对策和增加城市地区自然固碳效果两个方面,可以从城市整体的形态构成、土地利用模式、综合交通体系模式、基础设施建设以及固碳措施等几个方面来考虑。其中,在低碳城市整体形态方面,可以重新对连片发展的城市形态(摊大饼)、带形城市以及组团城市各自在减少碳排放方面的特征重新进行评估,从而得出不同于以往的建设性结论,比如或许以往备受指责的连片发展的城市形态在减少碳排放方面有其优势;在低碳城市土地利用形式和结构方法,可重新探讨并评估不同用途的组合,以及不同强度的土地利用对减少碳排放所能带来的影响;在低碳城市道路系统规划方面,可具体包括交通体系与土地利用模式的相互配合、大力发展公共交通、轨道交通以及建设多种选择的交通系统(机动与非机动可选交通)等方面。

(三)低碳城市详细规划与城市设计

城市的不同地区在功能、建筑空间形态、开发建设强度等方面都有一定的差异,因此在城市总体规划的基础上,还需要针对不同地区的实际情况进行具体研究,并制定各地区的详细规划与城市设计方案。而在这一过程中,需要切实弄清各地区的温室气体排放情况及其可以采用的减排措施,并切实将其反映到详细规划与城市设计方案之中。具体而言,减少碳排放的城市详细规划与城市设计可从以下几方面着手。

第一,要重视低碳生活居住区的规划与设计。在城市中,碳排放最为集中的一个区域便是生活居住区,因此在低碳城市详细规划与城市设计的过程中,必须高度重视生活居住区的低碳对策。通常而言,生活居住区的低碳对策制定可具体从新型生活模式的建立以及合理空间组织的设计两方面着手。由于城市的不同生活居住区在类型、密度等方面存在一定的差异,因而在具体进行生活居住区规划时还要有一定的针对性。比如,在对有较高的密度且住宅多为集合住宅的生活居住区进行规划时,要注重能源的统一供给,并尽可能采用节能的建筑形式等;在对建筑的密度相对不高且住宅多为联排住宅、独立式住宅的生活居住区进行规划时,要尽可能对太阳能、风能等自然能源进行采集与利用,以减少煤炭等的消耗量。

第二,要重视低碳产业园区的规划与设计。在这一过程中,要重点制定针对不同类型产业集中布局用地中的减碳详细规划对策,如进行能源的统一供给、通过园区的合理绿化进行汇碳等。

第三,要重视低碳CBD区(即中央商务区)的规划与设计。在城市中,人类活动最为集中的一个区域便是CBD区。同时,在城市的建设中,CBD区的开发建设强度可以说是十分高的,且往往会消耗巨大的能源。因此,进行低碳CBD区的规划与设计是极为必要的。具体而言,在低碳CBD区的规划与设计中可以采取合理组织不同功能的用地、适当控制开发建设的强度、对区内能源进行再利用、利用绿色建筑技术进行建筑设计与施工等有效的减碳详细规划对策。

第一章 低碳时代城市规划的基本概念

2007年,联合国政府气候变化专门委员会(IPCC)发布第四份全球气候评估报告,报告指出,毫无疑问全球气候已经变暖,而导致全球气候变化的最大因素是人类活动。如何保证人类生活质量在提高的同时又能适应未来发展的不确定性,并且能够保证可持续性发展,这是全世界城市都要面临的挑战。在此背景下,世界各国都号召"低排放、高能效、高效率"。在城市规划中,更是提倡以城市空间为载体发展低碳经济,推进"低碳"排放或者"零碳"排放,建设低碳城市和基础设施。我国正处于城镇化的快速发展时期,城市规划应调整现有目标,探寻我国高速城镇化和低碳经济发展的结合之道,构建符合我国国情的低碳城市规划体系。本章就低碳时代城市规划的一些基本概念和基本知识进行阐述。

第一节 城市与城市化

一、城市

证据显示,世界正在经历快速的城市化,其速度之快前所未见:城市化在过去40年间所取得的进步,相当于此前4000年的总和。世界的文明与发展无不与城市密切相关,而城市广泛存在于世界上所有的国家,它在人们的生产生活中处于中心地位,并起着主导的作用。

(一)城市的基本内涵

立足于不同的观察视角和研究目的,对于城市则有不同的理解和认识。从地理学的角度来看,"城市是一种特殊的地理环境"[①]。从经济地理学的角度看,城市的出现和发展与劳动的地域(地理)分工的出现和演化分密切相关。社会学侧重研究城市中人的构成、行为及关系,把城市看作生态的社区、文化的形式、社会系统、观念形态和一种集体消费的空间等。经济学认为所有城市的基本特征是人口和经济活动在空间的集中。城市经济学把各种活动因素在一定地域上的大规模集中称为城市。生态学把城市看作人工建造的聚居场所,是当地自然环境的一部分。建筑学与城市规划认为城市是由建筑、街道和地下设施等组成的人工系统,是适宜于生产生活的形体环境。

以上各种解释从不同的侧面概括出了城市的内涵,还不能概括城市本质。不仅如此,城市本身就是一定时期政治、经济、社会及文化发展的产物,它总是随着历史的发展而变化。从城市规划的角度而言,"城市是一个以人为主体,以空间有效利用为特征,以聚集经济效益为目的,通过规划建设而形成的集人口、经济、科学技术与文化于一体的空间地域系统"[②]。

一般意义上讲,城市就是与乡村相对的概念,城市是由乡村聚落发展而来的新的聚落。城市具有比乡村更高的人口密度和更大的人口规模;在城市产业构成中,以第二、三产业为主;城市一般是一定地域内的政治、经济、文化中心,担负着国家相应层级的行政管理职能;城市生产、生活等物质要素在空间上的聚集强度是乡村地区远不能比拟的。

城市常常被划分为不同的种类与级别。基于人口的多寡和规模的大小,城市被分为不同级别,如大、中、小城市等;基于城市的功能不同,形成各种类型的城市,如首都或省会等行政中心、服

---

① 周一星.城市地理学[M].北京:商务印书馆,1997:11.
② 王克强,等.城市规划原理(第2版)[M].上海:上海财经大学出版社,2011:2.

第一章 低碳时代城市规划的基本概念

务中心城市、卫星城市等;按照城市主导产业的不同,城市可以分为工业城市、商业城市、旅游城市、矿业城市等。为统计应用上的方便,各国常以一定聚集人口数量作为区分城市与乡村的标准,但具体标准又有所不同,如表1-1所示。除人口数量外,有些国家还有其他条件。例如,印度除了要求5 000人以上,还要求人口密度在390人/km^2以上,3/4以上成年男子从事非农业劳动,并具有城市特点。日本《地方自治法》规定,人口在5万人以上并且市区户数和工商业人口均占60%以上的地区可以设"普通市";人口30万人以上,面积100km^2以上,在本地区具有核心城市机能,可以设"核心市";人口20万人以上,有资格设"特例市"。

表1-1 各国划分城市的人口标准[①]

城市人口数量标准	国家
5 000人以上	加纳、马里、马达加斯加、赞比亚、法国、奥地利、印度、伊朗、日本、巴基斯坦
3 500人以上	英国
2 500人以上	美国、墨西哥、波多黎各、委内瑞拉
2 000人以上	埃塞俄比亚、加蓬、利比亚、肯尼亚、洪都拉斯、荷兰、卢森堡
1 500人以上	巴拿马、哥伦比亚
1 000人以上	塞内加尔、加拿大、新西兰、澳大利亚
400人以上	阿尔巴尼亚
200人以上	丹麦、瑞典、挪威、冰岛
100户以上	秘鲁

我国政府对于城市的界定主要依靠规模和行政制度两个标准。对于城市的规模标准,《中华人民共和国城市规划法》中界定:"大城市是指市区和近郊区非农业人口五十万以上的城市。中等城市是指市区和近郊区非农业人口二十万以上、不满五十万

---

① 戴均良.中国城市发展史[M].哈尔滨:黑龙江人民出版社,1992:4.

的城市。小城市是指市区和近郊区非农业人口不满二十万的城市"。表1-2为我现行设立县级市标准。

表1-2 我国现行设立县级市标准(人口密度＞400人/km²)①

县和镇	主要项目		2005年标准	1993年标准
全县	非农业人口数量			
	非农业人口占总人口比重			
	国内生产总值	总值		
		人均产值	6 000元	—
	财政收入	总值	2亿元	0.6亿元
		人均收入	500元	100元
	第二、三产业产值占国内生产总值的比重		70%	三产比重20%
	建制镇数量占乡镇总数的比例		60%	—
县政府驻地镇	非农业人口数量		12万人	12万人
	城区公共基础设施	自来水普及率	90%	65%
		建成区绿化率	20%	—
		建成区人均公共绿地面积	20m²	—
		污水处理率	30%	—

(二)城市的形成与发展

1.城市的起源及雏形

城市的起源是第一次社会分工的结果。距今12 000～10 000年前,农业逐渐从畜牧业中分离出来,人类完成了第一次社会分工。第一次社会分工使人类的居所逐渐趋于稳定,形成了最初的

---

① 姜竺卿.温州地理(人文地理分册·上)[M].北京:生活·读书·新知三联书店,2015:101.

原始聚落。农业同畜牧业的分离、原始固定居民点的诞生、生产品的剩余，就逐渐转变为交换经济的萌芽。在那些固定居民点中，就出现了原始手工业，又出现了市场。这种形式不仅日益固定下来，并且得到进一步的发展，原始的城市便出现了。不过，城市的最终形成还需要一定外在条件与内在因素，可以从经济与社会这两个方面寻求答案。从经济因素来看，城市出现的直接因素是第二次社会分工（手工业与农业的分离）以及第三次社会分工（商业与手工业的分离）。从社会因素来看，早期的人类对死者和神灵的崇拜是城市形成的重要因素之一。人们需要一个固定的交流感情和安慰精神的地方，这便促使他们修建墓地与圣地，这种建有陵墓、神庙或圣坛的地方，就可能或已经成为早期城市的胚芽。产生城市的因素还有战争、法律等。因为城市所聚集的财富必然成为掠夺的对象，人们为了保护自己，只有不断地加强防御和掠夺者对抗。精心构筑的要塞、城墙、运河及其他防御设施，还有专业的军队等，都是从原始城市开始积累的结果。在城墙的包围下，市民们有了一个共同的生活基础，一种共性，包括共同的宗教、共同的法律、共同的经济环境、共同的文化背景等。当内外部因素成熟的时候，城市的雏形就逐渐形成了。

2. 城市的发展与演进

现代西欧各国的城市，大多数都是在中世纪末至近代初形成的。很多欧洲城市的历史不过三四百年。从十八九世纪开始，西方发达国家的城市受到工业革命的推动而加速发展，城市数量的增长异常迅猛。这一时期发展最快的城市就是各国首都及地方性政权所在城市，如法国的巴黎，意大利的都灵、罗马，英国的伦敦、诺里奇，西班牙的马德里，葡萄牙的里斯本，德国的柏林等。早期的工业城市一般不如政治中心或港口城市发达，而19世纪以后发展最快的当属新兴工业城市，如英国的曼彻斯特、伯明翰，美国的芝加哥、波士顿，法国的里昂，德国的莱比锡、鲁尔地区等。从20世纪40年代起，以大伦敦区为首的发达国家出现了逆城市化现象,即人口从大城市向中小城市和农村地区迁移。现代西方国家城市发展特点日益多元化,生态城市、创意城市理念与传统大城市、城市群形态并存,各种城市规划理念在城市发展历程中得以体现。

中国是世界城市发源地之一,距今约 5 000 年前开始出现早期城市。先秦时期,大批城市的出现是各国统治者为建立政治中心、军事据点,这些据点和中心有城郭围起来,聚集了大量的人口。春秋战国时期,郡县制试行,由此也成为新兴封建地主阶级的政治统治中心,城市及其网络得以形成和发展。秦汉统一中国后,城市仍继承了先秦城市的特性,秦始皇把全国分为三十六郡,郡下辖县,使县城数目陡增,主要分布在黄河中下游地区和江淮地区。秦汉时期,不仅行政中心城市得以发展,而且导致了一批商贸城市的兴起与繁荣。据史书记载,当时临淄、洛阳、邯郸、宛、成都是长安以外并称的五大商贸中心。魏晋、南北朝、隋唐时期,由于商品性农业更加发达,从而促进了手工业的发展,兴起了一批以新兴手工业为主的城,如纺织中心的定州(河北定县)、宋州(河南商丘)、益州(成都)等;陶瓷中心的越州(绍兴一带)、洪州、昌南镇(景德镇)等;制茶中心的安徽祁门等。中唐以后,兴起了以商品流通为主的河港城市和以对外贸易为主的海港城市。前者如长江流域的下游扬州、中游鄂州,黄河流域的汴州,大运河沿线的余杭(杭州)、吴郡(苏州)、楚州(淮安)、宗州(商丘)等。后者如广州、泉州、潮州、福州、温州、明州(宁波)及上海松江等。宋元时期,都城的聚集中心开始从西向东、从南向北转移,同时也逐渐形成了政治中心和经济重心南北分离的格局。在宋代,由于农村商品经济和城市经济的发展,城市的经济职能也得到了加强,许多原先以政治职能为主的城市,逐渐也具有了经济职能。杭州、扬州、镇江、苏州、集庆(今南京)、庆元(今宁波)等都是当时发达的商业城市,上海也从南宋时期的镇升级为县,成为新兴商埠。这一时期的经济性城市大体有工商型城市、商业型城市、手工业型城市。同时,宋代由于海外贸易的发达,东南沿海地区海港城市获得了进一步的大发展。其中,泉州堪称"世界最大港口"。明清时期,城市数量有大幅度增加,"明朝全国有大中型城镇100个,小城镇2 000多个,农村集镇4 000～6 000个"[①]。该时期,一些工商业城市还出现了资本主义萌芽,这在一定范围内和一定程度上引起城市性质的变化。城市规模、城市类型等都与明朝以前有较大变化,出现了手工业较集中的生产中心城市(苏州、杭州)、商业集中城市(扬州、汉口)、行政中心城市(北京、南京)、对外贸易城市(广州)、边塞海防城市(宁海、天津卫)。由于明清时代陆上、水上交通都很发达,形成了大中小城市和集镇联系起来的统一市场,以北京为中心,连接到边境城镇。

鸦片战争后,随着资本主义列强的侵略,商埠被迫开放,形成了贸易口岸城市轴带。它是以上海为中心,南北沿海和东西沿长江两条贸易港口城市轴带。铁路、公路的建设,交通型城市也得到兴起。城市在区域上分布不均,20世纪上半期中国城市90%都是集中在东经102°以东的地区,且主要分布在5条线上:东南海岸线、京哈铁路线、京广铁路线、长江沿岸和陇海铁路线。位于两条交叉点上的城市,发展为全国性的或地区性的政治、经济、文化中心,如上海、天津、北京和广州;其他大城市也多分布于这5条线上,如南京、青岛、大连、长春、沈阳、西安、重庆、成都、郑州等。但是经过抗日战争和解放战争,城市建设受到了破坏,城市规模和数量也下降。工矿业的发展,带来了工矿城市的出现。上海、天津、武汉、青岛、广州等成为中国近代工业五大城市;抚顺、唐山、焦作、大冶、萍乡、玉门等成为中国近代矿业城市的代表。

新中国成立后到改革开放前,城市处于缓慢发展状态。由于多方面的原因,1955年、1961—1963年、1965—1972年、1974年中国城镇人口的增长出现了负值。改革开放后,1978—1988年,我国城市非农业人口增加了5 000万,城市人口占全国人口比重从12.5%上升到18.5%。城市数量从1978年的193个增加到

---

① 戴均良.中国城市发展史[M].哈尔滨:黑龙江人民出版社,1992:229—230、259.

1989年年末的450个,平均每年增加24.1个。在改革开放的新形势下,中国城市化速度比世界平均速度还快,20世纪中叶至今出现了香港、台北、上海、北京等世界城市。

人类技术进步促成了城市的产生,推动了城市的发展,可以预见,科技进步与创新对城市未来发展仍然将会发挥决定性的作用。进入21世纪,随着以信息技术为主的高新技术的兴起,并由此而出现的知识经济、经济全球化和信息化等浪潮将城市的未来发展推向全新的境地。

二、城市化

(一)城市化的内涵

关于城市化的概念,学者们从不同的学科、不同的角度对之进行了不同的解释,各有侧重,但在城市化本质的理解上是一致的。简单来说,城市化就是"人口从农村地区向城市地区集中的过程"[①]。与之相伴随,城市数量不断增加,城市规模不断扩大,城市人口不断增长,城市基础设施和公共服务设施不断提高,人们的生产方式、生活方式以及价值观念发生转变,生产力水平不断提高,等等。

衡量城市化的指标是人口指标,即城市人口占全社会人口的百分比。据联合国资料显示,1900年,世界城市化水平为14%,1959年为28%,1988年为41%,2000年达到50%,预测到2030年将达到60%。发达国家的城市化水平高,但发展中国家的城市发展速度快,20世纪80年代以来亚洲地区的城市化水平有了飞速提高。从发达国家的城市化历程来看,存在两种十分明显的城市化道路,即以美英为代表的分散型发展道路和以日韩为代表的集中型发展道路。

回顾历史,可以发现世界城市化历程呈现一定的阶段性规

---

① 王克强,等.城市规划原理(第2版)[M].上海:上海财经大学出版社,2011:18.

律,而且随着经济社会的发展,城市化水平是在不断提高的。美国地理学家诺瑟姆(1975)通过对各个国家城市人口占总人口比重的变化研究发现,城市化进程具有阶段性规律,城市化水平变动曲线呈一条被拉伸的S形曲线(图1-1)。

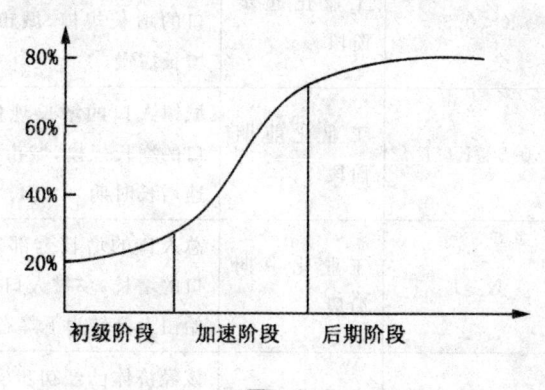

图 1-1

第一阶段为城市化的初期阶段,城市化水平低,城市人口增长缓慢。当城市人口超过10%以后,城市化进程逐渐加快;当城市化水平超过30%时,进入第二阶段,城市化进程呈现加速态势,城市化水平的快速提高;城市化水平在达到65%~70%之后,城市化速度趋于缓慢,此时进入第三阶段,即城市化进程趋于平缓的成熟阶段。应当指出,诺瑟姆S形曲线是对西方发达国家城市化演化历程的概括和总结,在很大程度上反映了西方城市化水平的演进态势。当然由于各个国家的国情和所处的发展阶段不同,在城市化过程中经历的三个阶段的时间早晚和速度快慢将会有所差异。

我国学者孙久文、叶裕民在《区域经济学教程》一书中提出了城市化五阶段理论。城市化过程最直接的表现为乡村人口进入城市,城乡人口增长的对比关系是城市化过程中最基本的比例关系。因此,学者孙久文、叶裕民将城镇人口比重指标(S)和城镇人口增长系数(K)作为衡量城市化发展阶段的基本指标。其计算公式为:

城镇人口增长系数(K)=城镇人口增长规模/总人口增长规模

依据以上指标将城市化发展分为五个阶段,如表1-3所示。

表 1-3 城市化五阶段理论

城市化发展阶段	判定标准	工业化阶段	内涵及意义
前城市化阶段	K＜0.5	工业化起步阶段	城镇人口的增长规模小于乡村人口的增长规模,城市化水平很低,增长缓慢
城市化初期阶段	0.5≤K＜1	工业化前期阶段	城镇人口的增长规模超过乡村人口的增长规模,城市化开始进入快速增长时期
城市化中期阶段	K≥1	工业化中期阶段	总人口的增长全部表现为城镇人口的增长,乡村人口的绝对规模开始由上升转为下降态势
初步进入城市社会	65%＞S≥50%	工业化后期阶段	该经济体已经初步实现城市化,城市化水平开始由高速增长向低速增长过渡
成熟的城市社会	S≥65%	后工业化社会	现代城市文明广为普及,城乡居民只是居住空间及就业岗位的差别,生活水平和质量基本趋于一致,城乡一体化作为城市化的终极目标已经成为现实

(二)城市化的类型

城市化是一个复杂的社会经济过程。世界各国之间以及各国不同的区域之间社会经济条件各不相同,因而各自在其城市化演变的过程中形成了下列不同的类型和模式。

1. 向心型城市化与离心型城市化

向心型城市化,是指城市设施及职能部门不断向城市中心集聚,城市向立体发展。离心型城市化,是指城市设施及职能部门自城市中心向城市外缘扩散。在离心型城市化进程中,还会出现两种情况,即外延型城市化与飞地型城市化。

外延型城市化是指城市在离心扩散过程中,一直保持与建成区接壤,连续渐次地向外推进。飞地型城市化,指城市向外推进过程中,空间上与建成区断开,职能上又与中心城市保持联系,形成卫星城镇或工业新区。飞地型城市化一般要在大城市的环境下才会出现。一些发展中国家,为了改变经济过分集中于沿海地区和发展内地经济的目的,即人为地进行飞地型城市化。例如,巴西为了促进中西部和北部的发展,采取了迁都的方式。1964年首都从里约热内卢迁到中部高原上的巴西利亚,以带动要素向内陆迁移。从广义上讲,这也是飞地型城市化的一种表现形式。

2. 景观城市化与职能城市化

城市景观是指由于城市人口和土地利用高度密集而形成的密集人口和各种人工建筑、构筑物和设施。景观型城市化,是指城市性用地逐渐覆盖地域空间的过程。职能城市化,是指现代城市功能在地域发挥效用的过程。这种城市化表现了地域进化的潜在意识,不从外观上直接创造密集的市区景观。

3. 积极城市化、消极城市化

积极城市化、消极城市化是由于城市化的复杂性所造成的。一般认为,一个国家或地区城市化的水平,体现着该国家或地区经济发展的水平,这就是城市化的表征性能。城市化与经济发展之间是相互适应、相互一致的,然而受众多因素的影响,城市化与经济发展之间也可能出现不一致的情形。例如,在发展中国家中,就存在着与经济发展不同步的城市化。积极城市化、消极城市化就是按二者的一致程度不同而划分的。

(三)城市化进程与经济发展、社会发展的关系

1. 城市化进程与经济发展的关系

在宏观水平上,城市化与经济发展之间呈现显著的正相关关系,经济发展水平越高,城市化水平也越高。城市本身是经济发展

的产物，而城市化又是经济发展的动力。所以说，城市化水平与经济发展之间的关系是非常密切的。首先，经济发展推动了城市化的进程。经济快速发展，意味着各种经济要素在一定地域范围内的快速凝结。当一定地域范围上的各种经济要素凝结到一定程度时，促使二、三产业不断发展，人口逐渐增加。同时，伴随着经济增长的地方化信息与知识外溢有利于聚集与人力资本积累，聚集在城市的人们则可进一步享受到城市化经济所带来的收益，劳动者之间的分工和专业化加强、距离靠近降低运输费用和交流成本，进而促使城市规模扩大、城市数量增加，推进城市化。其次，城市化过程又会促进经济发展。城市化最直接的表现是城镇规模的扩大和数量的增加。城市作为区域经济的增长中心，通过极化效应和扩散效应对区域发展产生组织和带动作用。在一个区域内，随着城镇化的发展，一般都存在若干个规模不等的城镇，这些城镇相互依存，彼此间有着比较稳定的分工和联系，在空间布局上都有一定的规律进而形成城镇体系，城镇体系实际上就构成了区域的空间框架。城市化在时间上和空间上的变化引起区域的经济和社会结构随之发生变化，并不断改变空间的分布和组合状态。城市化使得城市与乡村的联系更加紧密，城乡一体化水平大大提高，实现区域经济的协调发展。

总之，城市化水平与经济的发展水平是紧密地联系在一起的，即经济发展水平的提高是推动城市化进程的主要动因，城市化的发展反过来又推动经济发展。经济发展和城市化的相互作用用如图1-2所示。

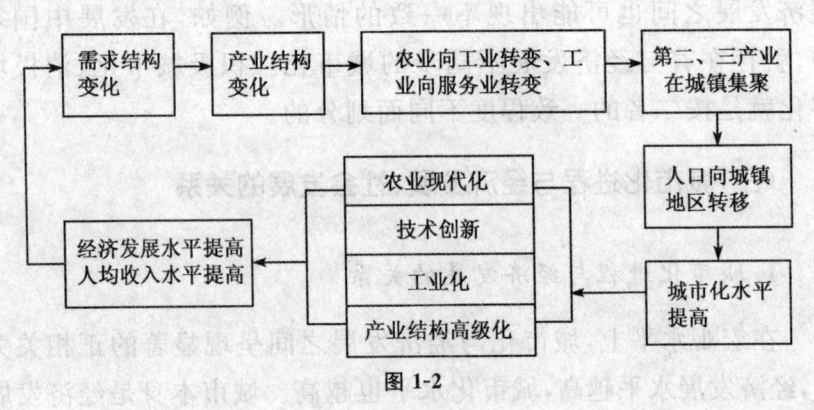

图1-2

2. 城市化进程与社会发展的关系

城市化进程的本身是社会发展的过程。随着城市化的进展，城市的各项基础设施和各种建筑物在各种科学技术成果的应用中而不断发生变化，并日益改善城市环境，人们的生活水平提高，生活舒适度更高，更加便利。工业化推动城市化，第三产业的发展和科学技术的进步又进一步推动了城市化，也加快了城市现代化的步伐。从已实现了现代化的发达国家来看，都是在城市化的过程中实现的。从人口的角度而言，城市化过程是人口从乡村地区流入城市以及人口在城市的集中。因此，城市化过程除了其经济意义外，城市也成为社会和文化交往的中心。

第二节　城市规划的基本概念与社会经济背景

一、城市规划的基本概念

从实践行为上看，城市规划总是在一定的社会制度的背景及其发展过程中运作的，其与公共政策、公共干预密切相关。

（一）城市规划与行政权力

在实践中，城市规划涉及配置资源，牵涉各方面的利益，牵涉资源开发利用的价值判断和对人们行为的规范。因此，这必然联系到权威的存在及权力的应用。综观世界各国，城市的建设和管理都是城市政府的一项主要职能，城市规划无不与行政权力相联系，一般都是通过法律或者中央级政府授权地方政府，对具体的规划工作进行管理、指导、控制。

（二）城市规划行政与立法授权

城市规划作为城市政府的一项职能，其行政权力都来源于立法授权。以英国为例,英国城市规划作为城市政府的职能起源于19世纪的公共卫生和住房政策。当时,英国为了缓和工业开发、商业开发、住宅建设、交通规划、农业生产、环境保护等各方面的城市活动产生的矛盾,提出了土地开发规划的立法体系和土地开发控制的政策。土地开发控制的手段就是签发"规划许可证"。规划申请的批准则必须根据开发规划和考虑其他的因素。当然,许多次要的开发项目并不强调申请开发许可证。1909年英国颁布了第一部城市规划法律《住房和城市规划法》。这部法律授予地方当局编制用于控制新住宅区发展规划的权力。如今,英国的城市规划法经过了多次修改,其相关法律已增加到几十部。英国的城市规划行政体制具有明显的中央集权特征。尽管规划编制和规划实施是地方政府的职能,中央政府仍然可以进行有效的干预。除了审批郡政府的结构规划和受理规划上诉(包括对于建设项目审批和违法建设处罚的上诉)以外,中央政府还有权以"抽审"方式来直接干预区级规划行政部门的地方规划编制和开发项目审批。美国国会没有规划立法权,联邦政府也不享有规划行政管理职能;地方政府的规划职能是由州的立法授权的,因而各州的地方政府的规划行政体制之间的差异较大。日本的行政管理体制与英国类似,但日本的中央政府对于地方政府的城市规划的影响是以立法和财政为主,并不直接干预地方政府的规划编制和开发控制。我国于1990年施行的《中华人民共和国城市规划法》(以下简称《城市规划法》)第一次以国家法律的形式规定了城市规划制定和实施的要求,明确了规划工作的法定主体和程序。根据该法,建设部作为国务院的城市规划行政主管部门,主管全国的城市规划工作,县级以上地方政府的城市规划行政主管部门主管相应行政区域内的城市规划工作。

(三)城市规划的作用

具体而言,城市规划的作用主要体现以下几点。

第一章　低碳时代城市规划的基本概念

1. 城市规划是国家宏观调控的手段之一

城市是一定区域的经济中心、政治中心、文化中心和科技中心。其中最为重要的是经济中心,因为经济是城市的实体,是城市发展的基础。城市是经济的组织者,是经济的发展依托。城市一经产生,就成为促进经济发展与社会进步的巨大推动力,并且伴随生产力的发展与生产关系的变革,逐步成为一个国家或地区的政治、经济、文化中心,在整个国民经济和社会发展以及人民生活中具有举足轻重的地位和作用。因此,城市规划在国家管理中也处于非常重要的地位。从一定意义上说,城市规划体现了政府指导和管理城市建设与发展的政策导向。城市规划以其高度的综合性、战略性、政策性和特有的实施管理手段,优化配置城市土地和空间资源,科学合理地布局各个分区,协调各项建设,促进城市经济的可持续发展。城市规划已经成为当今世界各国政府引导、调控城市经济和社会发展的重要手段。

2. 城市规划是政策形成和实施的工具之一

城市规划依据城市整体利益和发展目标,综合考虑城市经济、社会和资源、环境等发展条件,结合各方面的发展需求,把各部门和各方面的行为和活动统一到城市发展的整体目标和合理的空间架构上来。

城市规划作为公共政策手段,对私人部门最直接影响的可能就是房地产开发。城市规划通常能够通过以下四种途径影响到房地产开发的过程。第一,政府直接参与开发,充当开发商的角色。这种方式在英国、美国等国家中都是实施公共政策的一种重要方式。此外,在不同的时期中,政府以不同的方式介入到房地产的开发过程之中。例如,英国在第二次世界大战后的新城发展计划、20 世纪 80 年代后在鼓励市场经济过程中企业园区的开辟以及后来伦敦东部码头区的开发建设等,都是在政府的直接参与下所开展起来和形成规模的。美国从 20 世纪 40 年代末开始的城市更新计划、20世纪70年代的社区发展计划、20世纪80年代以后采用公私合作进行城市建设等,也大部分是在政府的主导下开展的。第二,政府控制开发权。开发控制对开发过程的影响与控制的形式有着密切的关系。在英国的社会体系中,政府拥有所有土地开发的决定权,任何的开发都必须经过规划的许可,这样,通过对特定土地能否开发所作出的决定,直接规定了开发活动与政府政策之间的关系。在美国的社会体系中,城市规划(包括城市综合规划等)为区划法规的确定起指导性作用,而区划法规是作为地方法规而起作用的,区划法规的通过和修改全部进入地方立法的程序,因此,城市规划通过区划法规而对土地的开发权进行界定。第三,政府提供财政的手段(税收获奖励)来影响开发商的决定。第四,政府通告或说服公司以某种方式行事。理想的市场应该是一个信息充分的市场。因此,为城市开发的有序进行而提供有效信息,就成为城市规划的重要职责。

3. 城市规划是城市未来空间架构和演变的主体

城市规划从城市土地使用的配置和安排出发,建立起了城市未来发展的空间结构。城市未来发展的空间架构的实现意味着在预设的价值判断下来制约空间的未来演变。

各个国家由于社会、经济、政治体制的不同导致了城市规划体制的不同,但其城市规划对城市空间发展的作用都体现在对城市建设活动的引导和控制两个方面。前者将城市规划的意图、原则内在于城市建设过程,后者保证城市建设行为不超越经过法定程序批准的城市规划文本所规定的许可范围。

就城市规划的实施而言,规划控制的内容包括土地使用的规划管理、建筑或工程建设的规划管理、建筑物或工程物使用的规划管理。这三部分内容在单个项目的管理过程中可以有前后之分,但这也并不意味着其间必然是线性的关系,城市规划关注的并不仅仅是单个项目本身的适合性,而是地区的综合协作性。

由上述可知,城市规划通过对城市建设的引导和控制,而实现对城市未来发展的空间架构并保持了城市发展的整体连续性。

二、城市规划的社会经济背景

城市规划的社会经济背景包括以下几方面的情况。

(一)城市人口

人口是城市发展中最积极的因素之一,人口的数量、质量、结构和空间分布的变动引导了城市的形态、结构和功能的变化,对城市的发展有着深刻的影响。尤其城市人口总数(即城市人口规模)的确定是城市总体规划的重要内容之一。

城市人口,通俗地讲就是指城市地域范围内的人口总数,主要由城市常住人口和城市流动人口组成。城市人口通常专指城市常住人口。我国城市人口的概念,与城市地域范围界定和户口有关。一般认为,城市人口就是城市行政辖区内的市区与郊区的非农业人口,但不包括市辖县人口。这一概念,长期为我国统计部门和研究部门所沿用。然而随着户籍制度的改革,近年我国许多城市已按居民居住地的属地原则划分城市户口和乡村户口。因此城市人口在我国已特定为居住在城市市区内并持有城市户口的人口。关于城市流动人口的确定,不同学者观点略有不同。在我国一般认为是在城市中未持有城市常住户口的人口。具体又分常住流动人口和临时流动人口两类。随着城市开发性的加大和吸引力的增强,流动人口越来越多,对城市发展的影响越来越大,但统计起来也比较困难。

从城市规划、建设和管理的角度来考察,城市人口应包括居住在城市建成区内的一切人口,包括一切从事城市的经济、社会和文化等活动,享受着城市公共设施的人口。

(二)信息化、汽车时代与城市化

1. 信息化与城市化

信息化对城市的影响集中体现在以下三个方面。第一,信息化可以改善城市空间结构并提升其效能。信息化改变了工业时代城市空间的结构状态,而呈现出一种新的复合型功能空间结构,如发达国家的居住空间已经与城市产业融合。第二,信息化改变了区域城市体系的结构态势以及参与全球性竞争的能力。随着信息化的迅速发展,传统区域城市体系中垂直联系的层级结构将会受到信息化条件下水平状结构的巨大影响。同时,信息化也彻底打破了不同等级城市参与全球竞争的能力。第三,信息化提高了政府的运行效率和城市的服务功能,促使城市政府职能从管理型向服务型转变。

2. 汽车时代与城市化

汽车时代是指汽车(主要是指轿车)的使用已经全面进入广大居民的家庭,轿车已经成为人们日常工作和生活的主要交通工具。私人汽车的发展能够促进城市化水平的提高,它大大缩短了上下班时间,提高了人们的生活节奏,使人们工作在市区、居住在郊区成为可能,由此加快了郊区城市化的进程。另外,在私人汽车推动的住宅郊区化带动下,一些服务于居民生活的大型超市、商场、购物中心、专业市场等开始由城市的一级商业中心区向次级商业中心甚至城市郊区转移,从而在城市的周围形成若干个商业中心,吸引大量人口向郊区转移。

(三)城市经济社会发展规划

经济社会发展规划从整体上部署区域经济社会发展,依据国民经济全局利益和地区实际情况,合理配置资源和生产力,结合城镇体系和地区各方面的优势,提高地区社会和经济发展水平,使各地区的自然资源和生产要素得到充分合理的利用,发挥国民经济最大效益。因此,城市社会经济发展规划对城市规划具有重要的前提或框架性影响和约束。

(四)区域基础设施

区域基础设施的规划对于城市间的联系、区域城市体系的完善以及对于单个城市自身的定位与规划方案的确定等都具有重要的影响。区域基础设施规划的重点是铁路网建设和高速公路建设。

铁路具有大运力、低成本的优势,在运输中占有重要地位。铁路网建设对城市发展与城市规划有重要的影响。第一,铁路网建设会拉动城市经济增长,巨大的人流、物流可以依托铁路网进行转移,从而保证城市经济的对外交流。第二,铁路网建设还会在一定程度上影响城市空间结构,许多城市就是沿铁路线而呈带状发展的。第三,有许多城市就是依靠铁路网的建设而发展起来的。

高速公路的优越性最集中地体现在车辆运行的高效率上,具体表现在高速公路的通行能力大,行车速度快,交通事故少,能为沿线城市带来经济繁荣,推动着生产和各项事业的发展。世界各国不断大力发展高速公路系统,就是看重其对推动区域产业发展和区域经济增长所带来的机会。高速公路建设规划是国土规划中基础设施建设规划的重点之一,对城市发展具有重要意义:第一,高速公路系统是现代城市对外联系的主要方式,是城市最主要的基础设施,深刻影响城市的投资环境和城市规划,影响城市布局的发展方向。第二,高速公路系统规划是都市圈规划和城市群规划的最主要内容,城市群各城市间要保证以最快最便捷的方式相沟通,高速公路是最佳方式。

(五)区域土地利用规划

土地利用规划是对区域土地资源未来利用的超前性和预见性的合理计划和安排,是根据区域社会经济发展及其土地的自然历史特性,而对有限土地资源的合理持续利用在不同时段进行数量和空间上的科学计划和配置的一项综合技术和经济措施。根据规划任务、内容和范围的不同,区域土地利用规划可以分为土地利用总体规划、土地利用专项规划和土地利用详细规划。土地利用总体规划的核心是确定或调整土地利用结构和用地布局,其作用是宏观调控和均衡各类用地,与城市(镇)总体规划有着密切关系。从空间范围上看,城市用地仅仅是区域土地利用规划中的一种用地类型,显然,土地利用规划的范围明显大于城市规划,故城市规划与土地利用规划的关系是一定区域内土地利用点和面的关系、局部和整体的关系。但从规划编制、管理和实施的部门来看,土地利用规划由国土资源管理部门负责组织编制、管理和实施,而城市规划由城市规划行政主管部门负责组织编制、管理和实施,所以城市规划和土地利用规划又各成体系。由此可见,城市规划和土地利用规划既在一定程度上相互独立,对各自区域的土地合理利用进行调控和指导,又相互联系,在地域空间上相互衔接,因此在进行城市用地布局安排时,既要考虑城市规划的要求,又要符合区域土地利用规划的要求。

第三节　城市规划的工作内容及特点

一、城市规划的工作内容

具体而言,城市规划的工作内容主要有以下几个方面。

(1)收集和调查基础资料,研究满足城市经济社会发展目标的条件和措施。不同阶段收集的基础资料应有所侧重,这些基础资料涉及城市水文、地质、气象、历史、经济发展、人口、自然、交通运输、土地利用、文物古迹、地上地下工程设施、文教、卫生、商业、金融、等方面的资料。

(2)研究确定城市发展战略,预测发展规模,拟定城市分期建设的技术经济指标。

(3)确定城市功能的空间布局,合理选择城市各项用地,如生活居住用地(居住用地、公共建筑用地、公共绿地及道路广场用地等)、工业用地、对外交通运输用地、仓库用地、公用事业用地(公用设施和工程构筑物的用地)、防护用地(水源保护、防风和防沙林带等用地)、其他用地(监狱、军事基地等)。

(4)提出市域城镇体系规划,确定区域性基础设施的规划原则。区域性基础设施包括交通运输、供水、供电和邮政通信等,它们的状况如何,直接关系到城市土地资源的开发和利用,社会生产力空间的合理布局以及城镇规模的发展,同时也是衡量区域投资环境的重要条件。

(5)拟定新区开发和原有市区利用、改造的原则、步骤和方法。

新区开发的主要类型有新市区的开发建设、经济技术开发区的建设、卫星城镇的开发建设和新工矿区的开发建设。城市新区开发应遵循量力而行、统一规划、统一组织、方便宜行的原则。原有市区的改造,主要难点是人口稠密、房屋密集;拆迁周转用地紧张,难以就近安置;居民对改建的期望值过高,难以满足;耗资巨大,无投资来源。一些城市根据各自的情况分别进行一些旧城改造的探索,如分期分批成片改造;旧区改造与新区开发统筹安排;原拆原建,就地上楼;用地大户承包改造;居民集资,政府补贴等。

(6)确定城市各项市政设施和工程措施的原则和技术方案。

(7)拟定城市建设艺术布局的原则和要求。

(8)根据城市基本建设的计划,安排城市各项重要的近期建设项目,为各单项工程设计提供依据。

(9)根据建设的需要和可能,提出实施规划的措施和步骤。

由于每个城市的自然条件、现状条件、发展战略,甚至是民族情况、历史状况等各不相同,规划工作的内容应随具体情况而变化。

二、城市规划工作的特点

具体而言,城市规划工作一般具有以下几个特点。

(一)综合性

城市包含各项要素,如经济、环境、科学技术等,这些要素互为依据,互相制约。在进行城市规划时,必须要统筹安排这些要素,使其各得其所,协调一致地发展。单单就城市总体规划的主要内容而言,不但要对市和县辖行政区范围内的城市体系、交通系统、基础设施、生态环境、风景旅游资源开发进行合理布置和综合安排,还要确定规划期内城市人口及用地规模,划定城市规划区范围;确定城市用地发展方向和布局结构,确定市、区中心区位置等。可见,城市规划必须要综合考虑区域与城市、近期与远期、需要与可能、地上与地下、全局与保护、生产与生活、条条与块块、共性与修改等各种关系,协调各行各业、各部门的发展需要。所以说综合性是城市规划工作的重要特点。

(二)法制性和政策性

城市规划涉及城市经济和社会发展的各个方面,必须贯彻执行国家和地方的各项有关方针政策,其相应的法律法规如《中华人民共和国城市规划法》《关于城市绿化规划建设指标的规定》《土地管理法》《环境保护法》等,都要体现国家政策法令对城市发展建设的指导和干预。特别是在城市总体规划中,一些重大问题的解决都必须以有关法律法规和方针政策为依据,因此城市规划管理具有很强的法制性和政策性。

(三)地方性

不同城市具有不同的城市性质、规模和形态,各有自己的自然地理条件和历史文化背景以及民族传统等,表现出各自城市的地方性特点。因此,城市规划要根据地方特点,因地制宜地编制,尊重当地人民的意愿,与当地有关部门密切配合。

(四)长期性和经常性

城市规划是一项继承过去、创造今天、预测未来的具有实践意义的筹划工作,对城市今后的各项建设发展和管理具有先导、控制和促进的作用。一定时期、一定阶段的规划一经批准,必须保持相对的稳定性和严肃性。但是，人们又把城市规划工作说成是城市发展的动态规划。因为随着社会的不断发展变化，影响城市发展的因素也在变化，在城市发展过程中会不断产生新情况，出现新问题，提出新要求，应当根据实践的发展和外界因素的变化，通过法定的程序适时地加以调整或补充。

(五) 实践性

城市建设实践用于检验规划是否符合客观要求。城市规划的实践性，首先在于它的基本目的是为城市建设服务，规划方案要充分反映建设实践中的问题和要求。20世纪80年代末，为了解决英国城市无序蔓延导致的能源浪费、城市污染、社会隔离、当地文化丢失等问题，在查尔斯王子的文章《英国见解》的呼吁和城市村庄论坛的推动下，城市村庄的规划理念应运而生，该理念得到了英国政府的大力支持和推广，并行于美国的新城市主义规划理念。其次是按规划进行建设是实现规划的唯一途径，规划管理在城市规划工作中占有重要地位。目前，各发达国家城市发展战略的重点是研究如何在更大区域的范围内使产业和人口合理分布，既保持城市的持久繁荣，又能最大限度地保持良好环境，缓解"大城市病"。规划实践的难度不仅在于要对各项建设在时空方面做出符合规划的安排，而且还要积极协调各项建设的要求和矛盾，组织协同建设。

第四节 城市规划体系的构成与改革

一、城市规划体系的构成

一个国家的城市规划体系包括三大部分：城市规划法规体系、城市规划行政体系和城市规划运作（规划编制和开发控制）体系。

(一)城市规划法规体系

城市规划的法规体系包括主干法及其从属法规、专项法和相关法。

1. 主干法及其从属法规

城市(乡)规划法是城市规划法规体系的核心,因而又被称作主干法。其主要内容是有关规划行政、规划编制和开发控制的法律条款。主干法具有纲领性和原则性的特征,因而需要有相应的从属法规来阐明规划法的有关条款的实施细则,特别是在规划编制和开发控制方面。在我国,《中华人民共和国城市规划法》作为主干法由全国人民代表大会常务委员会制定,《城市规划编制办法》作为从属法规由建设部制订。

2. 专项法

城市规划的专项法是针对规划中某些特定议题的立法。由于主干法具有普遍的适用性和相对的稳定性,这些特定议题(也许会有空间上和时间上的特定性)就不宜由主干法来提供法定依据。

3. 相关法

由于城市物质环境的管理包含多个方面和涉及多个行政部门,因而需要各种相应的立法,城市规划法规只是其中的一部分。尽管有些立法不是特别针对城市规划的,但是会对城市规划产生重要的影响。在我国,《中华人民共和国土地管理法》《中华人民共和国环境保护法》《中华人民共和国城市房地产管理法》和《中华人民共和国文物保护法》等都是规划相关法。

（二）城市规划行政体系

城市规划行政体系的建设受国家基本政治架构的影响，从世界范围看，国家的政治架构或者是中央集权，或者是地方自治。但是，大多数国家都在这两种政治架构寻求更为科学合理的城市规划行政体系。我国的城市规划行政体系就是中央集权与地方自治的结合。从《城市规划法》的相关规定来看，我国城市规划的编制和审批两大方面实行的都是分级体制。建设部作为国务院的城市规划行政主管部门，主管全国的城市规划工作，县级以上地方政府的城市规划行政主管部门主管相应行政区域内的城市规划工作。各级城市规划行政主管部门和职能主要体现在规划制定（包括编制和审批两个环节）和规划实施两个阶段。其中，在规划实施阶段，城市规划行政主管部门的职责涉及四个方面，分别是土地使用和建设工程的审批、竣工验收和监督检查、违法建设和处罚、行政复议。

（三）城市规划运作体系

城市规划的运作体系包括规划编制和规划实施（在许多国家又分别称为发展规划和开发控制）两个部分。

1. 城市规划编制体制

各个国家的规划编制体制都有城市发展规划和开发控制规划两个基本层面，如英国的结构规划和地方规划、德国的城市土地利用规划和分区建造规划、美国的综合规划和区划条例、日本的地域界化和土地使用分区管制。此外，有些国家还有更上层面和更大地域范围的发展规划，往往是为城市发展规划提供依据的区域性规划，如德国的国家空间秩序规划、州域规划和区域规划；而有些国家则有更下层面和更小地域范围的开发控制规划，作为对于一般的开发控制规划的细化和补充，适用于城市中的重要和特殊地区。例如，日本的街区规划范围往往只有数公顷，针对街区的特定情况,对于土地使用分区管制的规定进行细化,并且在必要情况下可以修改土地使用分区规划的有些规定,以增强街区发展的整体性和独特性。我国对应于城市发展规划和开发控制规划的分别是城市总体规划(包括大、中城市的分区规划)和控制性详细规划。

2. 城市规划实施体制

各国的情况不同,规划实施(或称为开发控制)的运作方式也有差异,但可以分为通则式和判例式两种基本类型。通则式开发控制规划的各项规定比较具体,但也因此灵活性不强。美国和德国都采取通则式开发控制。判例式开发控制原则性较强,规划部门在审理开发申请个案时,享有较大的自由裁量权,因而也在一定程度上欠缺确定性和客观性。我国的开发控制基本上属于判例方式。由于通则式和判例式开发控制各有利弊,各国都试图在两者之间寻求更为完善的运作方式。

二、城市规划体系的改革

就我国而言,在现行规划体系结构的形成过程中,主要实行计划经济,社会、文化、体制等方面也未进入改革开放。市场经济条件下城市规划的需要源于市场失灵。城市规划必须摒弃计划经济的色彩,突出其作为地方事务的特点。对此,应该从以下几方面进行改革。第一,明确国家和地方事权。国家对地方城市规划的审批只需要粗线条地审查涉及国家战略的重大问题。第二,要重视建立地方规划编制、决策和管理的制度,明确规划委员会制度、公众参与制度。第三,城市总体规划要弱化期限控制,要以更长远的发展战略眼光来制定具有弹性的,又强调程序控制的动态规划。第四,城市详细规划要强调稳定与公平,发展稳定的地区必须普及法定的控制性详细规划。

第五节 城市规划相关关系分析

一、城市规划与区域规划的关系

城市的发展受制于外部区域条件的影响,区域发展是城市发展的基础;城市发展产生的影响,又推动区域发展,城市规划应当顺应并要遵循这一规律。我国目前已基本形成国土空间规划体系:主体功能区规划→跨行政区的区域规划→综合性专项规划→专项规划。这个体系又可以简化为国土规划→区域规划→城市规划。区域规划和城市规划都是在明确长远发展方向和目标的基础上,对特定地域的各项建设进行综合部署,只是在地域范围的大小和规划内容的重点与深度方面有所不同。一般城市的地域范围比城市所在的区域范围相对要小。城市怎样发展会影响整个区域社会经济的发展和建设。另外,区域规划容易成为中心城市规划,应放权打破行政区经济约束。区域规划首先意味着在区域范围内配置、整合要素和产业、经济社会力量,并进而扩大到更大的空间范围,创造区域竞争优势,实现区域空间竞争的优化。不过,僵化的行政管理体制已经阻碍了区域的发展。在现实中,打破行政区划限制恰恰也是最难的,这不仅体现在区域间,也体现在区域内部。例如,关中—天水经济区,西安市的中心地段钟楼到咸阳市政府所在地的直线距离仅 20km,再加上两个城市在历史上难以割舍的联系,从 2002 年西安市和咸阳市就签订《西咸经济发展一体化协议书》,两市为了实现共同发展做出了一些努力,但是一体化发展并没有取得实质性的进展。城市规划必须打破封闭的空间概念,必须与区域规划结合起来,才能使城市发展有正确方向,更具有科学性、实用性。

总之,要明确城市的发展目标、确定城市的性质和规模,必须将其放在与它有关的整个区域的大背景中进行考察。因此,就需要编制区域规划。区域规划可为城市规划提供有关城市发展方向和生产力布局的重要依据。

二、城市规划与国民经济和社会发展计划的关系

从计划经济体制转向社会主义市场经济体制的过程中,可以看出,城市规划不能离开社会经济实际而独立、自在地发展。国民经济和社会发展中长期计划是城市规划的重要依据之一,而城市规划同时也是国民经济和社会发展的年度计划及中期计划的依据,其关系应该是相辅相成、互相结合、互相促进的。国民经济和社会发展计划中的生产力布局、人口、城乡建设以及环境保护等部门的发展计划,与城市规划的关系最为密切。据此,城市规划在城市功能布局上要解决好如何满足生产、生活的需要,使各项建设具备可靠的技术、经济性能,为居民创造一个生活舒适,景色宜人的城市环境。城市规划要与经济和社会发展紧密结合,不断拓展思路。

三、城市总体规划与土地利用总体规划的关系

我国城市总体规划和土地利用总体规划的规划目标都是为了更加合理地使用土地,最终促进经济、社会与环境的协调发展。城市规划从宏观和微观两个层面来参与城市土地的配置,分别对应总体规划阶段和详细规划阶段。前一个阶段确定城市不同区域的功能和土地利用的主要方向,后一个阶段对具体地块的土地用途、容积率等做出规定,进一步明确土地配置的具体内容。这与土地利用总体规划的内容有所交叉。城市总体规划应当与土地利用总体规划相衔接。

四、城市规划与城市环境保护规划的关系

城市的布局是否合理,功能分区是否恰当,在很大程度上决定于城市的环境保护规划。城市环境保护规划是城市规划的重

要组成部分,其任务是在城市环境调查、监测、评价、区划的基础上,协调城乡经济社会发展与环境保护的关系,提出对城市发展目标、规模和总体布局的调整意见和建议,以促进城乡经济社会全面协调可持续发展。

五、城市规划行政部门与其他相关部门的关系

地方人民政府根据不同事务而设置多个行政主管部门进行分管,城市规划主管部门是其中的一个,和其他行政主管部门在职能上是平行的,各司其职。然而,城市规划本身就涉及多个领域,与市民的生活和生产密切相关,涉及交通、土地、房产、环保、环卫、防疫、文化、水利等多方面的工作,因此与这些工作的各相关部门有着十分密切的关系。对此,城市规划主管部门要与相关部门相互衔接、配合,并要严格按法定程序沟通相关事宜。在制定和实施城市规划过程中,城市规划行政主管部门还应主动与其他相关部门协调,而其本身的法定职能不应被肢解或削弱。

第二章 低碳时代城市规划的编制与审批探究

在社会主义市场经济条件下,利益趋于多元化,要保证城市布局结构的合理,必然涉及相关方面权益的统筹协调。因此,城市规划的编制需要征求相关方面的意见。对此,我们需要对城市规划编制的体系有一定的了解,并掌握一定的城市规划编制的技术方法,同时了解城市规划审批的相关内容。

第一节 城市规划编制的体系与技术方法

一、城市规划编制的体系

我国1989年通过的《中华人民共和国城市规划法》和1991年颁布的《城市规划编制办法》规定:城镇体系规划,城市总体规划,城市详细规划构成了我国现行的城市规划编制体系。

(一)城镇体系规划

城镇体系规划是对城镇发展战略的研究,是在现有经济社会发展的基础上,根据今后10～20年甚至更长时间的发展需要,划分出一个固定的区域,然后根据这个区域的相关特征,寻找出最适宜这个区域的相关区域环境的设置,公共资源的分配,以及周边地区的划分分配,将该区域内的街道进行分类,进而达到区域之间的协作平衡,将区域的作用最大化。

（二）城市总体规划

编制总体规划应首先由城市人民政府组织制定总体规划纲要，经批准后，作为指导总体规划编制的重要依据。在总体规划的基础上，大城市可以编制分区规划，对总体规划的内容进行必要的深化。城市总体规划依法审批后，根据实际需要，还可以对总体规划涉及的各项专业规划进一步深化，单独制定专项规划。

（三）城市详细规划

包括控制性详细规划和修建性详细规划在内的城市详细规划的主要任务是：依靠已经划分出的总体规划和体系规划，对于各地区的具体功能进行划分，对于各个地区的具体用途，之后的进一步发展展开具体要求，从而达到各个地区各个指标的完善化和全面化，由城市详细规划的分类，我们可以对其展开逐个介绍。

1.控制性详细规划

控制性详细计划主要体现在控制上，控制表示监控管制，是对于土地的用途乃至土地的使用都有所要求，通俗点讲，土地的作用已经有所限制，是有度的开发，这种规划对于新旧城区有一定的引导性，便于城区建设更具系统性，避免了负面影响的发生。同时又有利于简练，通俗明白的控制规划条件，将规划管理更加系统化，区域化，有利于规范管理的规范化、法治化。控制性详细计划在总体规划、分区规划中起到桥梁作用，连接二者的共性，有利于二者之间相互转化，即是编制修建性详细规划的指导性文件，为其提供规划设计准则，又是城市规划管理、土地开发的重要技术依据。在现实的开发建设中，控制性详细规划中所规定的用地性质、各地块的建筑高度、建筑密度、容积率、绿地率等控制性指标，以及规定的交通出入口方位、停车泊位、建筑后退红线距离、建筑间距等要求，还有其他的控制要求，则是城市规划行政主管部门在进行建设用地规划审批管理中提供规划设计条件的来源。对于具体指导城市国有土地使用权的出让转让、房地产开发和各项用地建设具有非常直接的意义。

2.修建性详细规划

修建性详细规划是以城市总体规划、分区规划或控制性详细规划为依据,直接对各项建设做出的具体安排和规划设计。对于当前和近期需要开发建设的地区,应当编制修建性详细规划。其特点是以物质形态规划为主要内容,用直观、具体、形象的表达方式来落实和反映各个建设项目所包括内容的落地安排。目的在于研究开发建设用地范围内各个建筑、道路、有关设施和环境之间的相互关系,进行合理布置,计算开发量和投资估算。为指导各项建筑和工程设施的设计提供具体依据。也就是说,它是为即将要进行的具体建设项目的建筑设计和市政道路等工程设计提供规划依据的,不能用来替代具体的建设项目总平面图以及建筑设计和工程设计图纸。

二、城市规划编制的技术方法

城市规划编制的技术方法有很多种,在此主要介绍遥感技术与地理信息系统技术两种。

(一)遥感技术

当前城市规划人员所面临的最棘手问题是缺乏全面而有效的基础数据。遥感技术作为新时期的新技术,不但避免了旧式常规手段中烦琐复杂,耗时耗力的缺点,在资料获取与分析中也提升了效率,又对分析研究进一步有所深化。

1.遥感的基本概念

作为20世纪60年代发展起来的对地观测综合性技术,遥感的最大特点体现在其距离性上,遥感不需要与被测仪器近距离接触,在很远的距离就可以对被测仪器进行感知,将其特点进行记录分析,得出物体的特性性能,由此可知,遥感是一种信息采集技术,通过机载和卫星遥感进行图像的传递,将其呈递到电子计算机中,进而对图像信息进行处理,最终在空间上对于目标空间的位置、几何形状、大小、性状、相关性能等基本概况进行总结,最终这些数据汇成数字地球的基本空间数据。

遥感技术因其可以实时关注被测物体,这就导致遥感技术具有实时更新的特点,迅捷、快速地得到信息,遥感技术的实施对于数字地球的建立提供了基本的"砖块",这些具有同一性的信息是数字地球构建的基础,也称为基本来源。

2. 遥感技术在城市规划中的应用

遥感技术在城市规划中的应用主要表现在以下几个方面。

(1)城市自然条件调查

城市的自然条件是指除了人文建设之外的天然地理环境,像山丘、湖泊、海洋等不能为人类所更改的因素,这些地形地貌、地质构造和资源植被等先天因素,也是城市合理布局的率先考虑,避免因考察的失误导致后期的"生存隐患"的出现。

(2)城市建筑密度、增长速度及人口调查

这个地方就考虑到了遥感技术的充分利用,遥感技术作为远程观察系统,可以通过对于该地区的房屋建筑,土地人口基数等情况得到一个关于该地区的基本数据,之后根据对于这个数据的处理(构造和实地成比例关系的地图),获得该地区建筑物的基本概况(占地面积,建筑物层数等),再和人口的基数进行乘积,从而获得该地区的基本人口基数。简而言之,虽然不能直接从遥感检测中得出一个地区的人口数量,但可以通过其基本的建筑物分布情况,建筑物类型总能得到人口的基本基数,人流量的分布与建筑物的分布情况呈相关关系。

(3)城市土地利用调查

常用的城市土地利用的调查常常是采用旧式的实地查访法,这种方法不但耗费了大量的人力财力,而且见效微弱,很难进行

▲ 低碳时代的城市规划与管理探究

高频率的查访工作,现在采用的方法主要是运用彩色航片的方法,彩色航片不但可以由不同的色区总结出不同地区的不同地貌特征,而且可以宏观地对于当段城市进行分析,满足地区分类需要的同时节约人力,方便工作的进行。经过计算机处理的航拍图片,对于当段地区的土地纹理,城市性质,地区特点,甚至可以推测出气候,便于后期城市的发展和壮大,经过计算机处理之后,先制订出一个基本的方案,之后再通过后期的走访工作和地区的实际情况对方案进行纠正改变,虽说免不了走访工作,但相较于前一个方法更具有针对性,便于工作有效进行的同时大大提升了工作效率。可以根据地区的不同特征规划出最适宜该地区发展的方法和方案计划。

(4) 城市交通状况调查

通过遥感数据,可判断不同路段机动车辆的密度、流量、平均车速、空间分布规律以及分析城市交通堵塞的主要原因,并提出缓解措施。

(5) 城市绿地现状调查

不同于常规方法的按植树的数据或绿地面积加以估算,更具有科学性、可行性的遥感影像可以大大提升工作的效率,更现实,也更可靠,在遥感影像上对于区域进行选择就可以得出该城市地区的现状,之后根据周围地区建筑的,按其需要程度,生长状况可以总结出绿植的需要情况,因地制宜,按照其需要对于绿植的种植进行分配,可以更快地提升效率,得出该地区的绿化分布图和覆盖率。

(6) 城市生态环境变化及监测分析

根据遥感图像上反映出的遥感信息,可对城市环境污染进行定点、定位、定性分析,还可对污染物的时空分布特征、扩散趋势、运移规律和动态变化进行研究。

(7) 城市空间形态及扩展分析

应用遥感影像,通过高精度几何配准,辐射水准归一化,热图像条纹噪声消除,各种干扰因素的识别、压抑、剔除,目标信息的增强、提取,以及背景影像的生成等图像应用处理,可直接获得城市山水空间格局、城市形状与城市肌理,以及城市建筑物、道路、绿地、水体、城市热岛等环境要素的变化动态,并可快速绘制出能客观反映城市扩展变化的系列图件。

(二)地理信息系统技术

1. 地理信息系统概述

(1)基本概念

地理信息系统(Geographical Information System,GIS)是20世纪60年代开始迅速发展起来的地理学研究技术,作为地理空间分析技术和计算机信息处理技术交叉的产物,它可以在计算机系统的处理下对于地球的基本地理概况进行处理,而这种计算机和地理的综合主要体现在计算机对于地理基本状数据的采集、存储、运算等得出结果的过程,从而实现计算机与地理概况的基本综合。

GIS是一个以表征地理位置的空间数据为研究对象,以空间数据库为核心,采用空间分析方法和空间建模方法,适时提供多种空间的和动态的资源与环境信息,为科研、管理与决策服务的计算机技术系统。

GIS的操作对象是空间数据,即点、线、面、体这类有三维要素的地理实体。空间数据的根本特征主要在于每一个位置都有其确定的空间坐标,对这个点进行定性、定量的描述,同时这也成为GIS区别其他类型系统的一个标志。

(2)地理信息系统的基本组成

地理信息系统的基本组成主要包括两大部分:基础部分和功能部分。基础部分主要由组织管理机制、计算机硬件系统、计算机软件系统等组成;功能部分就是利用计算机技术,实现对基础地理数据进行采集、编辑处理、储存管理、查询、检索、操作运算、应用分析和显示制图(成果输出)等功能。

软件系统是地理信息系统的重要组成部分。除具备基本的操作系统、数据库管理系统、高级语言编译系统软件外，还应具有丰富的能满足地理信息系统基本功能需求的应用软件，如图形数据输入、输出、编辑、格式转换以及空间数据分析处理等软件功能。这部分软件才是地理信息系统的核心。目前常用的地理信息系统软件有 Arc/Info、MapOIS。

2.地理信息系统技术在城市规划中的应用

(1)建立城市规划数据库

城市规划顾名思义是指对于城市的构造，城市的功能结构进行一种基本的规划，这就需要大量的城市基本情况作为基本数据，这时数据的征集构成了数据库，因此，数据库的建立是城市规划信息系统建立的第一步，为城市的规划建立了大量的构造基础，信息来源，是必不可少的一部分，促进了城市规划的现代化和智能化。依据城市规划工作的业务性质与相关数据的结构特点，城市规划数据库主要包含三种类型的数据：基础地理信息、规划专业信息、规划文档信息。

①基础地理信息

基础地理信息是进行城市规划的基础载体，它主要包括城市系列比例尺基本地形图和城市地下空间信息等内容。

②规划专业信息

城市规划专业信息的主要内容包括总体规划、分区规划、控制性规划、专题规划、用地规划、道路规划等，以图形数据为主，基本涵盖了城市规划工作的全部内容。

③规划文档信息

规划文档信息主要包括规划管理、用地、建设工程、报建、法规、规划设计等，以文档信息为主，是规划业务办公流程中的重要数据，一般以数据库方式进行管理，是规划部门长期积累的成果资料。

(2)有助于城市规划方案的制订

在城市规划设计的前期调研工作中,可以利用 GIS 的空间分析功能以及规划范围内的数字高程模型(DEM)对规划地块进行坡度分析、坡向分析、高程分析、流域分析等,以作为用地适宜性评价及后期方案构思的重要参考依据。在城市规划设计工作中,通常需要计算地块的建筑面积、建筑密度、绿化率、容积率等规划指标,常规方法需要在 CAD 软件中用手工方法量算面积和数量,这种方法效率低、费时间、错误率高,直接影响规划设计的质量。而利用 GIS 技术则将这种局面彻底改变,可以快速便捷地对图形数据及其属性数据进行分析和指标量算。另外,利用 GIS 技术制作三维漫游动画,可以很容易地辅助推敲规划设计方案与周边环境之间的关系,还可以利用二次开发将空间数据与属性数据结合,方便查询三维建筑的相关信息,从而辅助规划决策。

传统的城市规划设计常是以二维的地形平面为基础,进行场地平面规划。随着三维可视化和动画制作技术的发展,在城市规划设计中三维动画的应用已经非常普遍。尽管城市规划设计方案的 CAD 建模和 3DMAX 等技术相对成熟,有三维可视化功能,但却很难与具有真实地理空间坐标的建筑物和环境联系起来,也难以在规划设计中综合考虑现有周边的实际环境及城市的整体效果。而利用计算机仿真技术,可在城市真实数字模型的三维可视化环境中进行城市规划设计,打破了传统方法的局域性,实现基于地形的规划方案模拟,从而有助于设计者规划阶段的构思和推敲修改,也方便决策者科学决策。

随着各国的 GIS 系统的基本建立,我国也建立了城市规划信息系统,虽说仍有许多不完善,但 GIS 系统作为城市规划的辅助性工具的地位已经确定。GIS 在城市规划中的作用已经不容小觑,为城市规划顺利进行提供便利。展望未来,融 GIS 技术、数据库、CAD 技术、办公自动化(OA)、客户服务模式、多媒体以及 Internet 等为一体的城市规划信息系统,将会为城市的发展规划出更加美好的明天。

第二节　城市规划的分级审批

根据《中华人民共和国城乡规划法》的规定,城乡规划实行分级审批。本节即对城市规划的分级审批做一简单介绍。

一、城镇体系规划

国务院住房和城乡建设部会同国务院有关部门组织编制全国城镇体系规划,报国务院审批;省、自治区人民政府组织编制省域城镇体系规划,报国务院审批。

二、城市总体规划、县镇总体规划

(1)直辖市的城市总体规划由直辖市人民政府报国务院审批。省、自治区人民政府所在地的城市以及国务院确定的城市的总体规划,由省、自治区人民政府审查同意后,报国务院审批。其他城市的总体规划,由城市人民政府报省、自治区人民政府审批。

(2)县人民政府组织编制县人民政府所在地镇的总体规划,报上一级人民政府审批。其他镇的总体规划由镇人民政府组织编制,报上一级人民政府审批。

(3)省、自治区人民政府组织编制的省域城镇体系规划,城市、县人民政府组织编制的总体规划,在报上一级人民政府审批前,应当先经本级人民代表大会常务委员会审议,常务委员会组成人员的审议意见交由本级人民政府研究处理。镇人民政府组织编制的镇总体规划,在报上一级人民政府审批前,应当先经镇人民代表大会审议,代表的审议意见交由本级人民政府研究处理。

三、乡规划、村庄规划

乡、镇人民政府组织编制乡规划、村庄规划,报上一级人民政府审批。村庄规划在报送审批前,应当经村民会议或者村民代表会议讨论同意。

四、城市、县镇控制性详细规划

(1)城市人民政府城乡规划主管部门根据城市总体规划的要求,组织编制城市的控制性详细规划,经本级人民政府批准后,报本级人民代表大会常务委员会和上一级人民政府备案。

(2)镇人民政府根据镇总体规划的要求,组织编制镇的控制性详细规划,报上一级人民政府审批。县人民政府所在地镇的控制性详细规划,由县人民政府城乡规划主管部门根据镇总体规划的要求组织编制,经县人民政府批准后,报本级人民代表大会常务委员会和上一级人民政府备案。

第三章 低碳时代城市总体规划探究

城市总体规划是城市规划编制体系中具有法定效力的最高层次的规划,城市总体规划是指导和调控城市建设的重要手段,在低碳时代更是具有非常关键的作用。本章将对城市总体发展战略与规划目标、城市总体规划的用地分析、城市总体布局与功能分区、城市总体规划编制的成果要求进行系统研究。

第一节 城市总体发展战略与规划目标

一、城市总体发展战略

城市发展战略是指对城市发展具有重大意义、全局性、长远性和纲领性的谋划。它的任务是指明城市在一定时期内的发展目标和实现这一目标的途径,以及预测并决定在该时期内城市的性质、职能、规模、空间结构形态和发展方向。因此,城市总体规划的成败与否首先取决于能否正确地制定城市发展战略。

(一)城市总体发展战略的区域条件分析

城市是区域的中心,区域是城市的基础。任何一个城市的产生和发展,都有其特定的区域背景。城市要从区域取得发展所需要的食物、原料、燃料和劳动力,又要为区域提供产品和各种服务,城市和区域之间的这种双向联系无时无刻不在进行,它们互相交融、互相渗透。区域对城市总体发展战略有重要影响,可从自然条件及社会经济背景条件、区域经济和区域发展几个方面进行分析。

1. 区域自然条件

自然条件包括区域所处的地理位置和区域内的自然资源。城市地理位置的核心是城市交通地理位置。对外交通运输是城市与外部联系的主要手段,是实现城市与区域交流的重要杠杆。

自然资源是区域社会经济发展的物质基础,也是区域生产力的重要组成部分。一些自然物如森林、矿藏、鱼类、土地、水力等是为生产力的发展提供了劳动对象。没有必要的自然资源,就不可能出现某种生产活动,自然资源是区域生产和经济发展的必要条件。

自然资源的数量多寡影响区域生产发展规模的大小;自然资源质量及开发利用条件影响区域经济效益;自然资源的地域组合影响区域的产业结构。当某种自然资源数量丰富时,利用该自然资源发展生产的规模就越大。自然资源的质量及开发利用条件影响对自然资源利用的成本投入及劳动生产率、产品质量、市场售价等。不同种类自然资源的组合,就可能导致以这些自然资源为基础的不同产业结构。

2. 区域社会经济条件

区域经济水平的高低,决定城市的产生与发展。作为区域中心的城市,是所在区域各种要素高度聚集的场所。城市要想发展,必须与周边地区保持密切的联系,以获取进一步发展的动力和空间。首先,城市的产生需要周边地区为其提供初始条件。由于城市产生初期占主导地位的经济是手工业和商业,城市的主要特征是消费,它要求周边地区为其提供各种剩余的农副产品与劳动力,以满足生存需要。其次,城市的发展需要周边地区为其提供各种经济社会资源,并且要求周边地区消化其产品,使城市基本部门的产品的价值得以实现,其正常运转得以顺利进行。因此,每个城市都不是孤立存在的,它和其所在区域的关系是点和面的关系,是互相联系、互相制约的辩证关系。

社会经济条件,主要包括人口与劳动力、科学技术条件、基础设施条件及政策、管理、法制等社会因素。区域内劳动人口的数量会对区域自然资源开发利用的规模产生直接的影响;区域人口的整体素质则会对区域内经济的发展水平和产业的构成状况产生影响;人口的迁移和分布会对区域生产的布局产生影响。科学技术是人类改变和控制客观环境的手段或活动,自然条件和自然资源提供了发展的可能,科学技术则将这种可能转变为现实。科学技术的进步节约了要素的投入,可以减少区域发展对非地产资源的依赖程度;科学技术的进步引起经济总量的增长,推动区域经济结构多样化;科学技术的进步使社会产生新的需求,在新的需求水平上增加劳动投入,为劳动就业开辟出路。另外,区域内基础设施的种类、规模、水平、配套,以及区域发展政策、办事效率、法制等对经济的发展也有重要的影响。

区域经济的发展首先必须发挥区域优势。区域优势指的是区域在其发展的过程中,天然具有一些别的区域不具备的有利条件,而因为这些有利条件,这个区域在某一方面具有了极强的竞争力和更高的资源利用效率,从而使这个区域的总体效益一直保持在一个比较高的水平。总体效益即综合实现区域发展的经济效益、社会效益和生态效益,是区域优势的集中体现。

3. 区域城镇体系发展综合条件

首先,要对不同时期区域城镇体系的产生、形成以及发展的历史背景等进行全面细致的了解。比如主要历史时期的城镇分布格局,以及体系内各城镇间相互关系,特别是地区中心城市发展、转移的成因等,这对揭示区域城镇发展的主要影响因素至关重要。通过对区域城镇体系的历史演变规律进行具体的分析,可以对如今城镇体系的分布格局有一个更为精准的了解,同时也为区域进一步的发展规划提供一定的思路。

其次,要了解城镇体系现状。通过对区域城镇体系的现状调查分析,从宏观的、对比的角度分析城镇发展水平、速度、结构、分布及存在的问题,从而认识、估价城市自身发展的有利条件、不利条件以及二者的辩证关系,并找出阻碍城市及区域发展的主要原因,为未来发展提供规划依据和目标。

(二)城市发展战略的制定

1. 确定城市发展目标并选择城市主导产业

根据各产业部门在城市经济中的地位和作用,可分为主导产业、辅助产业(相关联产业)和基础产业。主导产业是指对城市经济的发展可以起到决定性作用的产业部门,它是根据国内的市场需求、资源状况和出口前景来进行选择的,通过主导产业的大力发展可以带动其他产业的发展。产业结构和城市经济的发展有着极为密切的发展,一般而言,经济的发展通常都伴随着产业结构的变化,在确定城市总体发展战略时,首先要对城市产业结构的现状、存在的问题、影响和决定产业结构的主要因素进行分析研究,探明城市产业结构的发展趋势,进而确定城市支柱性产业的构成,并在此基础上进一步明确包括城市经济、社会、环境在内的战略发展综合性目标。

城市综合战略发展目标作为城市发展战略的核心,既有定性的描述(如城市发展方向),也应有量的规定(表3-1)。

表3-1 城市战略发展目标

城市发展目标	内容	备注
经济目标指标	经济总量指标	如工农业总产值、国内生产总值、国民收入、社会总产值等
	经济效益指标	如人均国内生产总值、人均国民收入等
	经济结构指标	如第一、第二、第三产业之间的比例,工农业生产值比例等

续表

城市发展目标	内容	备注
社会目标指标	人口总量指标	如人口发展规模、总人口的控制数量等
	人口构成指标	如城乡人口比例、就业结构等
建设目标指标	建设规模指标	如建设用地发展控制面积、建设用地占区域总面积的比重等
	空间结构指标	主要指各类建设的用地比例
	环境质量指标	如建筑密度、人口密度、人均公共绿地面积及大气质量指标、水质量指标等

2. 确定城市发展战略重点及其战略保障措施

为了保障涉及面众多的综合战略目标的实现，必须明确有些事关全局的关键部门和地区或关键性问题，即战略发展的重点。例如，确定竞争中的优势领域，并以此作为战略重点；经济发展中的基础性建设，如科技、能源、教育、交通等。同时还应认清发展中的薄弱环节，如果在整体发展过程中，出现部门或环节问题，则该部门或环节便会成为战略重点。

抽象的战略目标的实现、战略重点的落实必须寻求可操作的步骤和途径，即城市战略措施。通常包括城市发展基本政策、产业结构调整、空间布局的改变、空间开发的秩序、重大工程项目的安排等。

二、城市总体规划目标

根据《中华人民共和国城乡规划法》的规定，设市城市和建制镇必须编制城市（镇）总体规划。城市的用地和各项建设事业都要以城市总体规划为依据，有计划、按步骤地逐步实施。

不同城市或同一城市的不同发展阶段,其城市总体规划目标的侧重点不尽相同。城市化快速发展时期,城市总体规划的目标注重于城市的布局、空间结构等目标的实现;当城市化发展水平处于稳定时期,城市总体规划的目标开始注重于城市健康发展、城市社会的公共安全等目标的实现。

在现阶段,我国正处于城市化快速发展和全面建设小康社会的时期,城市不但自身要发展,还要带动区域发展,因此总体规划的目标是多维的。我国城市总体规划的共同目标有以下几个。

第一,促进经济发展——"腾笼换业",调整产业结构,规划新的经济产业园区,培育经济增长点,增强城市竞争力。

第二,优化城市环境——污染企业外迁,调整用地结构,增加绿化面积,促进城市生态化。

第三,保障社会公平——增设公益性基础设施,关爱弱势群体,适当控制高档物业用地的数量。

第四,调控人口发展——既要支持乡村人口城市化,又要适当控制大城市规模,更要促进教育发展,提高人口素质。

第五,改善城市交通——应对小汽车浪潮,合理组织城市道路交通系统。

第六,统筹安排城市用地——优化城市功能分区,统筹安排城市各项建设用地,增强用地功能组织的合理性,合理配置城市各项基础设施。

第七,协调城乡发展——通过城市形态和结构的演化,促进城乡一体化,促进城乡功能融合、经济融合和生态融合。

第八,提升现代化水平——推进旧城改造,改善各项基础设施,布置现代公共设施,促进城市的开放性,促进产业结构升级。

第九,形成城市特色——通过深入调研,利用规划手段发现和培育城市特色,避免"千城一面",创建有特色和个性的现代城市。

第二节 城市总体规划的用地分析

一、城市用地的自然条件分析

对城市的自然环境条件进行合理的分析,对于城市规划和城市建设有非常重要的作用,有利于城市地域的生态平衡和环境保护。具体而言,对城市的自然条件进行分析主要有以下几个条件。

(一)气候条件

1. 太阳辐射

太阳辐射具有非常重要的价值,而且属于可再生的可以取之不尽的能源,太阳辐射的强度和日照率,以及冬夏日照角度的变化,对建筑的日照标准、间距、朝向的确定、建筑的遮阳设施以及各项工程的热工设计有着重要的影响。其中建筑日照间距的大小还会影响到建筑密度、用地指标与用地规模。

2. 风向与风玫瑰图

风对城市环境与建设有着多方面的影响,如防风、通风、工程抗风的设计等。城市风还起着扩散有害气体和粉尘的作用。因此,城市环境保护方面与风向有密切的关系。

风是以风向和风速两个量来表示的。在城市规划中,一般采用8个或16个方位来表示风向和风频,将各方向的风频率以相应的比例长度点在方位坐标上,用直线按顺序联结各点,即是风玫瑰图(图3-1)。

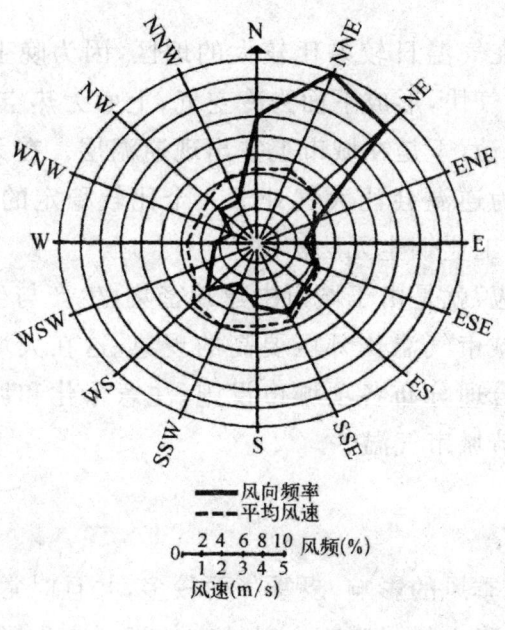

第三章 低碳时代城市总体规划探究

图 3-1

在城市规划布局中,为了最大限度地减少工业排放的有害气体对生活居民区可能造成的危害,一般工业区的选址都会位于当地居民区的下风向。盛行风向是按照城市不同风向的最大频率来确定的。我国中东部地区处于季风气候区,风向呈明显的季节变化:夏季为东南风,冬季则盛行西北风。但在局部地区因地貌特点也会有局部变化。

在城市规划进行用地布局时,除了考虑全年占优势的盛行风向以外,还要考虑最小风频风向、静风频率以及盛行风向季节变化的规律。

3. 温度

气温一般是指离地面 1.5m 高的位置上测得的空气温度。大气温度随离地面高度的增加而减少,人感到舒适的温度范围为 18℃～22℃。如果城市气温的日、年变化较大,以及冰冻期长,那么在城市规划和建设中就要考虑住宅的降温、采暖等问题;如果城市中还有"逆温"和"热岛效应",那么对城市的生活就极为

· 53 ·

不利。

"逆温",在气温日较差比较大的地区,因为晚上地面散热冷却比上部的空气快,形成下面为冷空气,上面为热空气,很难使大气发生上下扰动,于是在城市上空出现逆温层。在无风或者风很小的时候,因为逆温会让大气处于一个比较稳定的状态,从而使得一些有害的工业烟尘无法扩散。

"热岛效应"就是由于城市中建筑密集,生产与生活散发出的大量热量,使城市气温比郊区要高的现象,这在大城市中尤为突出。因此,要合理分布各项城市设施,注意绿化和城市水面规划与建造,以调节城市气温。

4. 降水

我国受到季风的影响,夏季降雨较多,并且时常伴随着暴雨,雨量的多少和降水的强度都会对城市的规划产生影响,其中最突出的是排水设施的规划。

(二)水文条件

江河湖泊等水体不仅可以作为城市的水源为居民和工业进行供给,而且在水运交通、改善气候、稀释水体、排除雨水以及美化环境等方面发挥着至关重要的作用。城市范围内的这些水文条件,与较大区域的气候特点、流域的水系分布、区域地质、地形条件等密切相关。而城市建设可能会对原有水系产生破坏,过量取水、排水,改变水道和断面也可能会导致水文条件的变化。

(三)地质条件

为了将城市的各种设施、工厂和住宅建在稳固的地基上,在城市规划时,必须对城市的土壤承载力状况,以及是否有滑坡、冲沟、地震方面的地质状况进行了解,这对城市用地的选择、建设项目的合理分布以及工程建设的经济性都是非常重要的。

1. 建筑地基

城市各项设施大多数由地基来承担。由于地层的地质构造和土层自然堆积情况不一样,其组成物质也各不相同,因而对建筑物的承载能力也不一样。要特别注意一些特殊的土质,例如,膨胀土受水膨胀、失水收缩的性能会给工程建设带来麻烦。因此,在城市规划中,要按照各种建筑物或构筑物对地基的不同要求,做出相应的安排。

2. 冲沟

冲沟是由间断流水在地表冲刷形成的沟槽。在用地选择时,应该对冲沟的分布、坡向、活动与否,以及冲沟的发育条件进行具体的分析,采取相应的治理措施,如对地表水导流或通过绿化、修筑护坡等办法。

3. 滑坡

滑坡指的是由于地质构造、地形、地下水或风化作用,造成大面积的土壤沿弧形下滑。在选择城市用地时,应尽量避开有滑坍的地区,针对原因做出排除地面水、地下水,防止土壤继续风化及采用修建挡土墙等工程措施。

其他如沼泽地、泥石流、沙丘等不良工程地质情况都应引起注意,若一定要作为城市用地,则必须做好治理措施。

(四) 地形条件

不同的地形条件,对城市用地的规划布局,道路的走向、线形,各类工程管线的建设,以及建筑的组合布置,城市的轮廓、形态等都有一定的影响。了解城市用地地形,可以充分合理、经济地利用土地,节省城市建设费用。

在地形条件中特别值得一提的是地形坡度对规划的影响。城市各项设施对用地坡度的要求如表3-2所示。

表 3-2　城市各项建设用地合理坡度范围

项目	坡度	项目	坡度
工业	0.5%~2%	铁路站场	0~0.25%
居住建筑	0.3%~10%	对外主要公路	0.4%~3%
城市主要道路	0.3%~6%	机场用地	0.5%~1%
城市次要道路	0.3%~8%	绿地	可大可小

二、城市建设条件分析

广义上，自然条件是建设条件的一部分，但一般所指的城市建设条件，主要是由人为因素所造成的，包括城市现状条件和技术经济条件两大类。

（一）城市现状条件

城市现状条件是指组成城市各项物质要素的现有状况及它们的服务水平与质量。除了新建城市之外，绝大多数城市都是在一定的现状基础上发展与建设的，不可能脱离城市现有的基础。现状条件调查分析的内容主要包括以下三个方面。

1. 城市用地布局现状

对城市用地布局现状进行分析，重点是要分析城市用地布局结构的合理性，是否有利于城市的发展，能否满足城市发展的要求，其结构形态是开放型还是封闭型，城市用地的分布可能会对生态传进造成的影响；城市用地结构能否反映出这个城市特有的自然地理环境以及历史文化等。

2. 城市市政设施和公共服务设施建设现状

市政设施方面，包括现有的道路、桥梁、给水、排水、供电、煤气等的管网、厂站的分布及其容量等；公共服务设施方面，包括商业服务、文化教育、邮电、医疗卫生等设施的分布、配套及质量等。

3. 社会、经济构成现状的特征

主要包括城市人口结构及其分布的密度，城市各项物质设施的分布及其容量与居民需求之间的适应性，城市经济发展总量，人均GDP，城市三次产值构成比例等。

(二) 技术经济条件

城市与城市以外各个地区存在的各种联系，是城市得以存在和发展的重要技术经济因素。技术经济条件主要包括以下内容：城市是否靠近原材料、能源产地和产品销售地区；对外交通联系是否畅通便捷；是否能经济地获得动力和用水供应；是否有足够合适的建设用地；城市与外界是否有良好的经济联系等。对于那些尚未进行区域规划的地区，上述技术经济条件的分析与评价，尤为重要。

1. 区域经济条件

区域经济条件是城市存在和发展的基础。这类条件内容广泛，包括国家或区域规划对城市所在地区的发展所确定的要求，区域内城市群体的经济联系，资源的开发利用以及产业的分布等方面。此外，城乡劳动力是影响城市发展与建设的外部条件之一，在人口较稀地区，应在区域范围内考虑劳动力的来源与潜力，分析城市劳动力的配备和农业劳动力的调整，并把它作为一个重要的外部条件来加以评价。

2. 交通运输条件

在影响城市形成和兴衰的各个因素中，交通运输条件是极为重要的一个。对交通运输条件可以从两个方面来进行分析和评价。一个是已经形成或已规划确定的区域交通运输网络与城市的关系，以及城市在该网络中的地位与作用；另一个是城市（尤其是客货运量大或对运输有特殊要求的工业城市）对其周围的交通运输条件(主要指铁路、公路、水路)的要求。

3. 用水条件

用水条件也是决定城市建设和发展的重要条件之一。城市用水要着重分析建设地区的地面水和地下水资源,在水量、水质、水文等方面能否满足城市工业生产和居民生活的需要。目前我国部分城市因为受用水条件的限制,城市的建设和发展已受影响;还有一些城市,根据水资源的调查和勘察报告来看,水量等指标是可以满足城市生产和居民生活用水要求的。然而,经过一段时间以后,或因城市上游地区工农业生产取水量的增加,或因其他各方面原因,造成了城市可取水量减少,甚至水源枯竭,或水源受到严重污染等,不得不投巨资到远离城市的地区去寻找和开辟城市新的水源。因此,规划必须在认真细致分析各种资料的基础上,确定城市水源及水源地的开发保护方案,保证工业生产和城市居民供水的经济性和可靠性。

4. 供电条件

城市建设和发展必须具备良好的供电条件,必须对区域供电进行规划,了解和分析建设地区输电线路的走向、容量、电压、邻近电源的情况,在本地区拟建的电厂或变电站的规模和位置,以及城市工业生产、城郊农业生产和城乡居民生活用电量,最大用电负荷等供电技术经济资料。城市中供电的容量及设施布局往往会对城市建设起一定的制约作用,在规划布局和土地利用中要充分考虑这些因素。

5. 用地条件

用地条件关系到城市的总体布局、城市发展方向和用地规模。从某种意义上说,城市总体规划主要研究的是城市用地布局。城市各种工程设施在建设上对用地都有不同的要求。对用地条件的分析主要有以下几个方面:从地质、地形、高程等方面分析用地是否适合建设的需要;用地发展方向对城市的总体布局是否有利,是否具备充足的用地,城市长远发展是否有余地,是否会增加城市基础设施的投资;拟发展范围内基本农田的情况等。

三、城市用地选择

城市用地选择就是合理选择城市用地的具体位置和用地的范围。对新建城市就是选定城址,而对老城市来说则是确定城市用地的发展方向。城市用地选择的基本要求如下。

第一,选择有利的自然条件。一般而言,有利的自然条件指的是比较平坦的地势,有良好的地基承载力,能够避免洪水的威胁,不需要花费巨额的工程建设投资,并且可以对城市的生产活动的安全进行良好的保护。

第二,尽量少占农田。位于城市周边的农田大都是经营多年的,我国有一项基本国策就是保护农田。少占良田,所以在城市用地选择的时候,应该尽量多地利用劣地、荒地、坡地。

第三,保护古迹与矿藏。城市用地的选择应该要尽量避开具有重要价值的历史文物古迹和具有开采价值的矿藏分布地区。这个工作需要文物考古部门和地质勘探部门的工作协助。在这个过程中,一定要采取慎重的态度。

第四,满足主要建设项目的要求。对城市发展关系重大的主要建设项目,应优先满足其建设的要求,因为只有这样才能抓住城市用地选择的主要矛盾,为城市建设发展创造较好的条件。

第五,要为城市合理布局创造良好条件。城市布局的合理与否与用地选择关系甚大。在用地选择时,要结合城市规划的初步设想,反复分析比较。优越的自然条件是城市合理布局的良好条件。反之,会给城市的长期发展造成不良后果。

四、城市用地构成

就我国城市目前的状况而言,城市用地组成有两个层面的划分,其一是行政管辖区划层面的,也称市域或城市地区;其二是规划建设层面的,规划中称城市规划建设区。城市行政管辖范围内的城市用地受行政区划的影响。中小城市用地构成一般包括市区和郊区两个部分,而大城市的用地构成就比较复杂了,一般由中心市区、近郊区、远郊区(市辖县)、远郊新城或卫星城等几部分组成。

从城市建设现状来看,城市用地是指建成区范围内的用地。建成区是城市建设在地域上的客观反映,是城市行政管辖范围内实际建设发展起来的非农业生产建设地段,它包括市区集中连片的部分以及分散在郊区、与城市有着密切联系的城市建设用地(如机场、铁路编组站、通讯电台、污水处理厂等)。建成区可以是一片或是几片完整的地域,它标志着该城市某一发展阶段建设用地的规模和分布特征,反映了城市布局的基本形态。建成区内部,根据不同功能用地的分布情况,又可进一步划分为工业区、居住区、商业区、仓库区、港口站场等功能区,实际承担城市功能,共同组成城市整体。

第三节 城市总体布局与功能分区

一、城市总体布局

(一)城市总体布局的形式

简单来讲,城市形态指的是城市实体所表现出的具体的空间物质形态,也就是城市建设用地区域的几何形状。城市形态不仅在空间上具有整体性,而且在时间上具有连续性。城市用地的布置形式和规模对于城市用地的功能组织有非常直接的影响。确定合理的城市形态布局形式不仅是城市用地功能组织的前提,而且也是城市总体布局的重要环节。一般来说,城市形态的布局形式可以分为以下两种。

1. 集中式布局

集中式布局是指城市各项建设用地基本上集中连片布置,它又可具体划分为简单集中式和复杂集中式两种。

简单集中式布局的城市,只有一个生活居住区,有1~3个工业区或工业片,居住区和工业区基本上连片布置(图3-2)。简单集中式布局适用于地形平坦地区的中、小城市和小城镇布局,有新建城市,也有历史悠久的古城。

图 3-2

复杂集中式布局多见于规模较大、地形条件良好(如平原地区)的大城市,它是由简单集中式发展演变而成的(图3-3)。

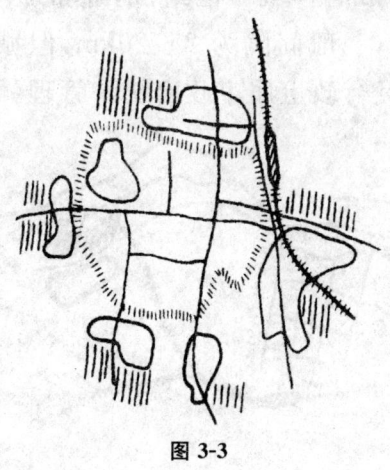

图 3-3

▲ 低碳时代的城市规划与管理探究

2. 分散式布局

根据城市总体布局的分散程度和外部形态，分散式布局具体又可分成以下四种形式：分散成组式、一城一区式、组群式和一主多卫式。

分散成组式布局的城市，一般由几片城市用地组成，外围部分地片与中心区及各片区之间在空间上不相连接，彼此保持一定的距离，一般为2~5km，甚至可达6~8km，各片相应地布置工业及生活居住设施（图3-4）。

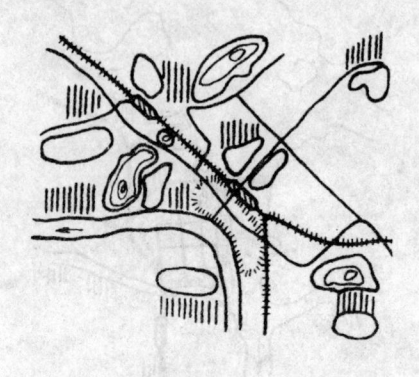

图 3-4

这种布局形式多见于小型工矿业城市、山区城市或水网密布地区的城市，如江苏南通市、宁夏石嘴山市。

一城一区式城市由一城一区组成，通常城早区晚，城与区之间相隔一定的距离，一般间隔为2~20km，但城与区之间的生产与生活联系密切，且行政上属市政府统一管理（图3-5）。

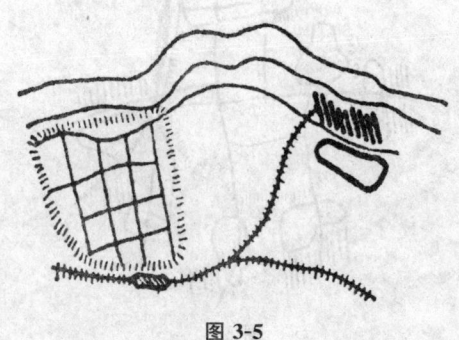

图 3-5

组群式布局。在城市区域范围内,分布有若干个城镇居民点,其规模差距不大,主次时序不定,形态各异,它们共同组成一个城市居民点体系,每个城镇居民点的工业及生活设施都分组配套布置,各城镇居民点之间保持一定的距离,一般相距3~20km,由农田、山体或水体分开,彼此相对独立,但联系密切。这种布局形式称为组群式布局(图3-6),多见于一些范围较大的工矿城市,如淄博市、大庆市;也包括一些由于地形条件限制而形成的大中城市,如秦皇岛市由北戴河、秦皇岛、山海关三区组成。

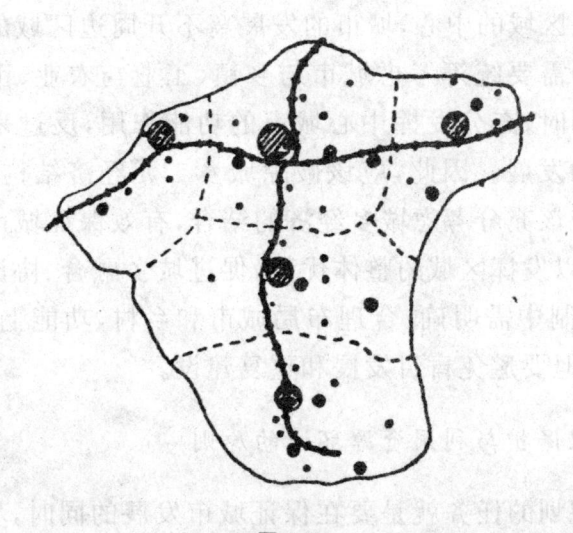

图 3-6

一主多卫式布局。城市由中心城及周围一定数量的卫星城镇组成。这种布局形式多见于超大城市和巨型城市,如北京市由主城区及通州、昌平、顺义、延庆、大兴、房山等多个卫星城组成。与此类似的,还有一城多区式布局,即城市由中心城和郊区的两个以上(含两个)新城区组成,新城区是功能比较单一的卫星城,如工业区、开发区、大学城、卧城等。对于这类城市,为控制主城区规模(包括人口规模和用地规模),可以大力发展卫星城镇,采取一主多卫式布局。

(二)城市总体布局的原则

1. 区域协调、城乡统筹的原则

区域经济发展是城市经济发展的基础,因此城市总体布局首先应该考虑区域内部经济结构的合理化以及区域之间的联系,综合考虑协调区域城乡发展,促进多层次的地区交流与合作,促进人流、物流、资金流和信息流的有效流动,增强土地的集约利用。

城市是区域的中心,城市的发展离不开周边区域的支持。城市总体布局需要统筹考虑城市与乡镇、工业与农业、市区与郊区的发展。同时,充分发挥中心城市的功能作用,反过来推动城市所在区域的发展。因此,应该破除城乡二元经济结构,在城市总体布局时应该充分考虑城乡经济的结合,有效保证城市和乡村之间的联系,以发挥区域的整体优势,促进城乡融合、协调发展。因此,规划编制中需明确:合理布局城市和乡村,功能上既有分工,又有合作,但要避免盲目发展和重复建设。

2. 合理保护与利用资源环境的原则

城市规划的任务就是要在保证城市发展的同时,尽可能地减少对生态环境的破坏。因此,在城市总体布局中应注意对林地、湿地、草地等自然生态系统组成要素的保护,有效整合自然要素,形成健康稳定的城市生态系统,为城市的持续发展提供环境基础。

城市总体布局不但要研究确定城市建设用地的布局,而且要确定非城市建设用地的结构和布局,并协调两者之间的发展,缓解城市社会经济发展与生态环境保护之间的矛盾,营造良好的人居环境。

3. 长远发展与现实兼顾的原则

城市发展是一个动态的过程,城市总体布局需要兼顾城市长远发展和现实需要,实现有序发展。为此,城市总体布局需要考虑城市经济发展现状和近期发展的连续性,并充分研究城市所在区域的环境容量(或称城市发展极限规模),在此基础上,利用有效的预测手段,确定未来一段时间城市发展的规模,合理安排城市用地,实现城市总体布局的合理性和长远性。

对城市发展远景考虑不足会导致城市总体布局整体性和连续性下降,影响城市长远的运行效率;一味追求远期的理想状态,可能导致城市近期建设无所适从,造成城市建设投资的浪费。因此,城市总体布局既要避免只重眼前不看将来的做法,又要避免盲目扩张,过度开发建设的行为。

4. 体现政策、突出重点的原则

城市总体布局是城市总体规划的重要组成部分,是一种政府行为,具有法律依据和保障,带有政策指导性作用,其涉及的领域和关系繁多。因此,需要兼顾国家宏观层面的基本政策,体现时代性。同时,城市总体布局又需要突出重点,抓住主要矛盾,将有限的资金和土地用到集中解决影响城市发展的主要问题上,并兼顾各方利益,以此带动城市的全局发展。

二、城市功能分区

(一)城市功能分区的概念

城市功能分区指的是城市内部各功能(职能)活动的分布空间以及相应产生的区域分异。城市功能分区是伴随着城市的发展而形成的,会受到诸如自然、历史和经济等众多因素的影响。工业区、商业区和居住区是城市地域的基本组成部分,是各类城市共同具有的功能区。

然而,各个区间界限划分并无明确标志,工业区内常混有居住区,居住区内也常建有对环境影响不大的轻工业、商业区,游憩区也常分布于居住区内。功能分区的不同是因为城市的性质和规模不同。发达国家大城市内部一般分为中心商业区、行政区、文化区、居住区、游憩区、郊区等。中小城市,特别是不发达地区小城市功能分区相对简单或不明显。

城市功能分区的目的是为了可以让城市的各项生产生活活动有序地正常运行,让功能区之间形成既相互联系又不会互相干扰的关系。对城市用地功能区进行合理的组织和划分,这是城市地域结构分化的客观要求,其主要的表现形式有均质性和均质地域。所谓均质性,是指城市内部地域在职能分化中表现出来的一种保持等质、排斥异质的特性。城市中的每一个功能区就是一个均质地域,均质地域是指在城市地域中出现的那些与周围毗邻地域存在着明显职能差别的连续地段。每一均质地域都承担着不同的功能,如工业区的加工制造工业产品的功能,住宅区的睡卧起居的功能,商业区的交换流通的功能,文教区的教学科研的功能等。城市功能区是一个相对概念。某一功能区,一般是以该功能为主,但也兼有其他功能,如工业区内可适当布置一些居住建筑,生活居住区内更应布置一些与居民生活密切相关的第三产业。

(二)城市功能分区的类型

城市功能区的类型主要是指商业区、工业区、居住区、物流仓储区、生态绿化区(带)等。

1. 商业区

商业区指的是城市中市级或者区级集中分布着商业网点的地区,商业区不仅是本地区民购物的中心,同时也是外来游客观光和购物的中心。我国的很多城市都已经形成了具有当地特色的大型商业区,比如北京的王府井和上海的南京路地区。

在一些大城市中,商业区往往又分成中央商务区、城区商业区、街区商业区等。

(1)中央商务区

中心商务区的概念是20世纪20年代由美国人伯吉斯提出的,其含义是指包括百货公司和其他商店、办公机构、娱乐场所、公共建筑等设施的城市的核心部分。近年来，随着世界产业结构的发展而越来越成为城市综合性经济活动的中枢，如美国纽约的华尔街地区、我国上海的外滩与浦东新区陆家嘴地区。其功能主要转化为城市中的商务谈判场所、金融、贸易、展览、会议、经营管理、旅游、公寓、商业、文化、康乐等，并配以现代化的通信网络与交通设施。中央商务区是一个城市交通和通信网络系统的枢纽，是一个很大的地区范围甚至是世界性的情报信息汇集和传递中心。这里一般汇集了各种银行、保险公司、信托公司和各种咨询机构等，这些都是对城市的经济生活有很大影响的机构。

（2）城区商业区

城区商业区是大城市的二级商业区中心，在规模和影响力上都无法与中央商业区相比。但是它在中小城市中的地位是相当于大城市中的中央商务区的。毋庸置疑，城区商业区在中小城市中占据的也是交通最为便利的中心地带，为人们提供各种商业服务。

（3）街区商业区

街区商业区是城市中最低一级的商业中心，其服务范围很大，一般为 7 000~20 000 人。它供应的大多数是需求频率高、市民日常需要消费的商品，因而严格来讲，街区商业区不能称为"区"，在这个区域分布的商店并不是集中的，而是沿着交通干线两侧排开，便于市民的生活。

商业区的合理布局在城市规划工作中占据重要的地位，大中城市一般有市级商业区和若干个区级商业区，小城镇的商业区则往往由一两条商业街组成。

整个城市的生产和生活与商业密切相关，并互相依赖。商业的产生和发展促使城市规模不断扩大，经济不断发展，城市的形成和发展又进一步推动商业繁荣。

2. 工业区

对工业区与其他功能区的相互位置进行合理的安排在城市

总体规划这一任务中占据着重要的地位。经过大量的实践证明，把工业集中起来的布局要比把工业分散开来的布局用地要节省，而且可以有效地缩短交通运输线路，同时还可以大幅度地减少工程管线的长度，这是非常有利的。一般而言，工业区应该布局在城市的下风向位置和水流的下游地带，这样可以有效地减少对城市的污染。与此同时，工业区的布置要考虑到和交通设施有比较便捷的联系，还要和居民区有一定的联系，最为重要的一点是，工业区一定要为以后的发展留有空间和余地。

在一些大中城市中，工业区规划分成工业园区和高新技术产业开发区。工业园区又分为一类工业区（基本无污染）、二类工业区（轻度污染）、三类工业区（严重污染）。

轻工业指的是对环境产生的污染很小或者没有污染的工业企业，比如食品业、服装业和家用电器产业等。对于这类企业而言，由于集聚经济效益的作用及其相对于商业企业的较弱的竞争能力，它们一般在商业区外围或城区的某一特定区域上集中布局，这样不管是对内还是对外都拥有良好的交通优势。

重工业区与轻工业相比，一般来说规模更大，占用的土地面积也非常大，再加上其会造成不同程度的污染，跟城市的其他功能区之间存在很大的矛盾。从严格意义上来讲，重工业生产和城市生活是没有必然联系的，但是城市作为科教文化中心所产生的吸引力，重工业多布局在城市郊区地势较为平坦的地方。

3.居住区

居住区指的是以住宅为主体，占据一定的面积，具有一定的规模，而且还有相应的配套公共设施以及大面积的室外绿化等，能产生一定的社会经济效果的居民集合体。居民区是一个综合体，具有居住、服务和经济等功能。

居民区对于使用方便的要求极高，而且，随着社会经济的发展，人们的生活水平日益提高，人民对于居住环境的要求也越来越高。因此，在城市不断发展的过程中，居民区慢慢地从工商混合区独立出来。一般而言,居民区的选择都是在交通方便、环境条件相对较为优越的外围地带,而且,居住区档次出现分异,国外居住社区阶层化现象早已出现。

4. 物流仓储区

物流仓储区用于集中设置物流中转、配送、批发、交易、储存生产资料和生活资料的独立地段。物流仓储区用地一般应选择在地形平坦、地下水位不高、工程地质条件较好、不受洪水威胁的地方,并应满足交通运输、防火和环境保护等方面的要求。小城市的物流仓储区宜集中布置在城镇边缘,靠近铁路车站、公路或河流,以便物资的集散和运输。在大城市和中等城市,可分为普通物流仓储区和特殊物流仓储区两类。特殊物流仓储区(易燃、易爆和有毒物资)应布置在远离城市的郊区,同周围的工业企业和居民点保持适当距离,并尽可能布置在城市的下风向和流经城市的河道的下游地带。为本市服务的普通物流仓储区,可布置在接近其供应对象所在的地区,并具备方便的运输条件。

5. 生态绿化区(带)

城市中设置在工业区和居住区之间,起着阻滞烟尘、减轻废气和噪声污染等作用的绿化地带和城市中的公共绿地(公园、休闲广场)以及规划区山体林地等都属于生态绿化区(带)。它是减轻工业污染、保护环境的重要措施之一。生态绿化区(带)中种植林木的部分称为防护林带,树木枝叶可起截留尘粒、净化空气和降低噪声的作用。

第四节 城市总体规划编制的成果要求

一般来说,城市总体规划设计成果由城市总体规划文本、城市总体规划图纸以及附件三部分组成。城市总体规划图纸就是用图像表达现状和规划设计内容。规划图纸须绘制在地形图上，应采用独立的坐标系。规划图上须明确标注图名、比例尺、图例、绘制时间、规划设计单位名称和技术负责人签字等，增加图纸的信息量。规划图纸所表述的内容和要求要与规划文本一致。

一、城市总体规划文本

城市总体规划文本是城市总体规划的法规法律文件，对规划意图、目标和有关内容提出规划性要求，应运用法律语言，文字要规范、准确，操作性要强。

城市总体规划文本的主要内容如下。

(1)总则：规划编制依据、原则、使用范围等。

(2)市域城镇体系规划。

(3)城市性质、规模与发展目标、规划期限、城市规划区范围。

(4)城市建设用地布局：人均用地指标，城市总体布局结构，规划建设用地范围及用地性质。

(5)对外交通、道路系统、公共设施用地、居住用地、园林绿化用地指标及布局。

(6)城市总体艺术布局：城市景观分区、高度分区与标志性地段，城市特色的继承与发展。

(7)城市规划建设用地分等定级，土地出让原则与规划。

(8)市政工程设施规划：城市水源、电源、热源、气源、水厂、污水处理厂位置与规模、管网布置及管径，其他设施的布置。

(9)城市防灾规划：城市防洪、抗震、消防、人防标准及设施布置。

(10)环境保护规划。

(11)历史文化名城保护规划。

(12)郊区规划。

(13)城市开发建设程序。

(14)近期建设规划。

(15)远景规划。

(16)实施规划的政策措施。

二、城市总体规划图纸

图纸主要包括城市现状图、市域城镇体系规划图、城市总体规划图、道路交通规划图、各项专业规划图及近期建设规划图。图纸比例：大中城市为 1/10 000～1/25 000，小城市 1/5 000～1/10 000，其中市域城镇体系规划图为 1/50 000～1/100 000。

三、城市总体规划附件

城市总体规划附件包括规划说明书、规划专题报告和基础资料汇编三部分内容。

规划说明书是对规划文本的解释和补充，其内容有以下几方面。

(1)城镇体系规划：城市区位条件分析，市域人口发展计算方法与结果，城市化水平预测与依据，城镇体系布局规划。

(2)规划依据、原则。

(3)城市性质规模与发展目标。

(4)城市总体布局：城市用地发展方向分析，城市布局结构，对外交通规划、工业和仓储用地规划、道路交通规划、居住和公共设施用地规划、绿化景观规划、城市保护规划、土地分等定级、郊区规划。

(5)专项工程规划：给水排水规划、电力电讯规划、热力燃气规划、抗震防震规划、消防规划、环境保护规划、环卫规划。

(6)近期建设规划。

(7)远景规划。

(8)规划实施措施。

规划专题报告是根据需要，对大中城市交通、环境等制约发展的重大问题及历史名城保护进行专题研究所形成的报告。

基础资料汇编即是将城市总体规划基础资料整理完善后，汇编成册，以作为城市总体规划的依据之一。

第四章 低碳时代城市分区规划探究

分区规划是城市规划体系发展过程中出现的一个新的层次。对于中小城市来说,一般不需要进行分区规划,但对于大中城市来说,分区规划很有必要。它能够帮助人们对不同地段的土地用途、范围和容量进行进一步的控制和确定,同时对各项基础设施和公共设施的建设进行更好的协调,给城市的各项活动创造良好的环境和条件。在低碳时代,分区的重要性则更为明显。本章主要对低碳时代城市分区规划的内涵、发展历程、主要内容、原则、程序、成果等进行一定的论述。

第一节 城市分区规划的内涵与发展历程

一、城市分区规划的含义

所谓分区,就是指将一些面积比较大的整体地域分成几个特定的组成部分。一个城市往往从不同的角度出发可以进行各种各样的分区,如行政分区、自然分区、规划结构分区、功能分区。划分的主要依据是城市的规模和总体结构。一般来说,在城市分区中,一些特殊的地形可以作为较为稳定的边界线,如河流、山岭这样的明显的自然地形,以及如城市干道、铁路干线这样的人工地形。

从古今中外历来的城市规划来看,以功能分区为主的"分区"规划最常见,历史也最长久。公元前11世纪有"左祖右社,面朝后市"的布局,这种城市规划制度中的功能分区所依据的是社会等级。发展到现在,城市功能分区的依据显然已经有所改变。

城市分区规划,是指根据城市规划需要,将已编制的城市总体规划中不同地区、不同地段土地的用途、范围、容量等分别做进一步的确定和控制,以便顺利地编制详细规划。从理论上来说,分区规划仍然属于总体规划的范畴,它只不过是通过若干个分区规划,将总体规划的意图更清晰、更有操作性地表现出来。它实际上是城市总体规划和详细规划两个阶段的过渡。

由于不同国家的政治制度、规划体制各有不同,因而不同国家开展城市分区规划的内容、方式方法和要求也就各不相同。不过,虽然实际情况不同,分区规划的方案不能整体借鉴,但其中一些做法还是有较大的参考价值。例如,美国的分区制,美国宪法赋予了各州政府审批城市规划的权力,而具体负责总体规划的编制的是城市一级地方政府。由于总体规划在特点上呈现出了概要性、综合性和长期性,因而很难确保地方政府履行其政策权力,难以为市民的健康、安全与福利提供保障的权利,因此,基于总体规划之上的分区制就诞生了,分区制通过运用具有法律效力的规划,有效地控制着城市的开发。

二、城市分区规划的种类

城市分区规划根据不同的分区标准可以分为不同的种类,以下几种类型比较常见。

(一)行政区划

行政区划包括按照国家行政建制等有关法律所规定的城市行政区划系列,包括市区、郊区;市、区、县、乡、镇、街道等的区划,如上海分为17个区1个县;还有特别设置或临时设置而具有行政管辖权限的各种开发区、管理区等,如烟台包括4个区、1个县、1个开发区和7个县级市。城市用地规划和城市规划管理往往就是根据城市行政区划的性质和定义来进行。当前阶段,国内分区规划多以区级行政辖区为规划范围。这一方面是因为基础资料比较完整,另一方面是因为与行政管理对口,还可以达到"全覆盖"。

(二)用途区划

任何一块土地都有它的用途所在,如有的可以用来住宿,有的可以用来建造工厂,有的可以用来栽花种树等。在一个城市中,任何一个区域都可以继续按用途分区,一般可以分为住宅区、工业区、绿化区。随着规划的深化,土地的用途还可以得到进一步的细化,这就形成了城市分区规划。例如,苏州工业园区的规划,就是按照主要的土地用途分为工业园区、居住区、商业区的分区规划。

从规划技术角度看,城市的功能组团与行政区划的"错位"是一个历史和客观的存在。如果分区规划不能很好地考虑用途区划,那就很难比较完整地提出规划区的总体发展目标和方向,对城市总体规划要求的落实也很不利。分区规划往往不成为实际的分区规划,而成了"分片"规划,因此从这个角度来看,用途区划对于城市规划来说是非常合理且有必要的。

(三)地价区划

在当前的市场经济时代,土地往往是以地价的形式来体现土地的区位、环境、性状以及可使用程度等价值的。为了优化土地利用、保障土地所有者的合理权益以及规范土地市场和土地价格体系,人们按照土地本身所具有的条件对其进行价值评估,然后根据土地的不同价值做出城市土地的价格或租金的区划。例如,上海市将全市区土地划分为12级,并按级规定基准地价。

从当前的城市分区规划来看,前面两种最多。这主要是因为规划者需要考虑区块在地域上的连续性,以及同一区域内的相似性和不同区域间的异质性。考虑这些才更容易开展规划和进行规划管理。

三、我国城市分区规划的发展历程

城市分区规划是城市规划实践发展到一定阶段的产物。在中国,虽然新中国成立以后随着城市的发展,城市规划领域内的学者们也曾进行过与分区规划非常相似的研究工作,但一直没有形成一套较为完整的理论和合理的实践方法。不过,随着城市化进程的加快,以及大批城市建设项目的开展,很多地方都开始编制城市总体规划和详细规划,以便对城市建设起到更好的指导作用。具体来分析,城市总体规划对城市发展主要起着宏观上的指导作用,主要通过纲领性的内容对城市总的发展方向和原则做出说明,所以很难对规划管理的操作起到直接的作用。而详细规划主要对城市局部地段的具体发展起着微观的指导作用。它的规划内容更为具体,编制工作量很大,很烦琐,且覆盖的面又小。事实上,在城市规划区内,有大量城市发展区或旧城区需要既易于操作又便于管理的规划。所以,城市分区规划就越来越受到人们的重视,最后于 20 世纪 90 年代以法规的形式明确了下来,现在已是我国城市规划体系中的一个独立阶段。

我国学者章沿曾经过研究与分析,认为中国城市分区规划经历了如图 4-1 所示的一些发展阶段。

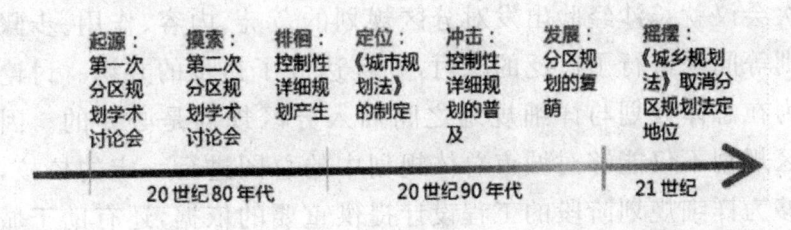

起源:第一次分区规划学术讨论会	摸索:第二次分区规划学术讨论会	徘徊:控制性详细规划产生	定位:《城市规划法》的制定	冲击:控制性详细规划的普及	发展:分区规划的复萌	摇摆:《城乡规划法》取消分区规划法定地位
20世纪80年代			20世纪90年代			21世纪

图 4-1

在这里,我们稍加概括,认为中国城市分区规划的发展经历了以下四个阶段。

(一)城市分区规划的起步

20 世纪 80 年代,中国城市规划便步入了正轨,并形成了较为完整的城市规划体系。不过,由于人们缺乏一定的规划编制经验,对编制规划阶段的划分以及各阶段内容深度认识不一致,因而对规划阶段的划分、深度、成果要求不一,做法也各不相同,比较混乱。这种状况对于深化城市规划内容、提高设计水平和建立技术经济责任制的质量标准都产生了不良的影响。最为突出的一个问题就是,总体规划与详细规划之间没有形成紧密的衔接,硬性规定多,不灵活,没有弹性。针对这一问题,人们为了适应社会及城市的新发展、新变化,在贯彻落实总体规划的过程中,便提出了"分区规划",以便对城市建设和详细规划的进行产生更好的指导作用。分区规划是插在总体规划和详细规划之间的一个规划,主要是用分解的办法深化总体规划内容,以便为编制详细规划和实施规划管理提供可靠依据。

1981年,中国长沙、南京、哈尔滨、鞍山等城市已经率先开展了分区规划的实践,并且还比较成功。分区规划的成功实践填补了总体规划与详细规划中的不足,使规划的编制更加科学化、系统化。

湖南长沙市是中国率先开展分区规划工作的城市。1983年11月,全国40多个单位在长沙市召开了第一次城市分区规划的学术交流会。"分区规划"一词就是在这次会议上提出的新概念。此次会议就长沙经验出发对分区规划的范畴、内容、作用、步骤和原则等问题进行了广泛的探讨,并且达成了初步的共识。讨论会认为在总体规划与详细规划之间插入分区规划是必要的。因为分区规划不仅能够对城市总体规划中的总图进行一定的校核,还能够为详细规划阶段的工程设计提供重要的依据,还有助于城市规划的管理。

(二)城市分区规划的摸索

长沙市最先开始实施城市分区规划后,我国掀起了编制城市分区规划的热潮,北京、天津、上海、太原等一些城市和地区一个接一个地开始了城市分区规划的实践。到1985年初,据不完全统计,全国48个50万人以上的大城市中,已超过一半的城市在进行分区规划,当然是在总体规划批准后进行的。由于城市分区规划的很多方面都不成熟,也没有统一的标准与模式,所以很多城市都是根据自身的实际情况来进行,处于慢慢的摸索阶段。从当时大多数城市的做法来看,分区规划并没有实际地独立出来,形成自己的特色。有的城市的分区规划与总体规划中的功能分区与布局很像,有的城市的分区规划则与详细规划中的一些做法很像。

1985年1月,第二次分区规划学术讨论会在太原榆次举行。只是经过了短短两年时间,全国进行分区规划实践的城市就增加了十几个,可以看出,分区规划有其自身的重要意义,是有发展前景的。这次会议认为确有必要开展城市分区规划,并且认为开展分区规划的一个主要原因就是解决规划管理的依据问题。此外,这次会议还对城市分区规划的主要任务进行了明确,即在总体规划指导下,综合平衡城市各项建设用地的布局与人口分布。在规划内容上,将制定控制性技术指标和技术规定增加了进来。

(三)城市分区规划的定位

20世纪80年代后半期,受到计量革命学术思想的影响,我国学术界开始关注定量分析与定量控制,全国范围内出现了编制控制性详细规划的热潮,这大大冲击了刚刚发展起来的城市分区规划。此外,国外规划思想尤其是区划法中的"分区管理法则"的引入也使得分区规划有点偏离原来的初衷,很多城市将区划条例深化成控制性详细规划的部分。不过,这并没有让分区规划从此消失。

1989年12月26日,《中华人民共和国城市规划法》在第七届全国人大第十一次常委会通过,自1990年4月1日起施行。这是我国在城市规划、城市建设和城市管理方面的第一部法律,是涉及城市建设和发展全局的一部基本法。它最终明确了城市分区规划的地位:"编制城市规划一般分总体规划和详细规划两个阶段进行。大城市、中等城市为了进一步控制和确定不同地段的土地用途、范围和容量,协调各项基础设施的建设,在总体规划基础上,可以编制分区规划。"这样,分区规划被归入总体规划阶段。不过,它的控制性定量部分改由控制性详细规划来体现,这实际上是分区规划让位给了控制性详细规划。在1991年颁布的《城市规划编制办法》中,控制性详细规划更是作为详细规划编制阶段的第一编制层次的地位被确立了下来。可以看出,此时城市分区规划还没有一个明确的定位,甚至其中的一些做法还有矛盾和冲突发生。例如,其总则仍坚持总体规划与详细规划两阶段论,分区规划只是被看作总体规划中的一个部分,而同时在后面又将分区规划单独列为一章进行说明,使其与总体规划、详细规划处在并列的位置上。当然,这并没有阻止分区规划的发展。

(四)城市分区规划的发展

20世纪90年代中后期以来,中国各大、中城市根据《城市规划法》均已开展"分区规划"的方案,并取得了非常不错的成绩。1991年,哈尔滨编制了全市7个区的分区规划编制工作。接着上海、南京、北京、长沙、广州等城市也相继进行了大胆的尝试与探索。从1994年开始,广州市在城市总体规划确定的规划发展用地及邻近区域全面编制分区规划,这份规划还经过了市人民政府的审批,因而具有了相应的地方法规效力。这种做法深入了城市规划工作,对城市建设具有突出的重要意义。广州市还直接建立起了分区规划管理信息库,将其纳入城市规划信息系统中,探索了应用计算机技术参与分区规划的实践的一整套方法,这大大推进了规划管理的办公自动化。从诸多城市不断尝试开展分区规划的实践可以看到,一个城市在经济发展到一定程度的时候,需要分区规划这一层次,这一层次有助于城市的良好发展、建设与管理。

进入21世纪以来,虽然国内城市分区规划仍然在不断普及,但作为实践中产生的新规划程序,其编制实施仍然存在不少问题,如到底什么样的城市需要分区规划;分区规划的具体内容、范围和深度都还没有形成规范性要求;分区规划的具体编审程序还不明确。这些都有待进一步商榷和深入。加之 2008 年《城乡规划法》的实施,分区规划的地位受到动摇,它的认可度和接受度一再被降低。综合考虑,分区规划在追求低碳的时代中是很有必要的。那么,分区规划该如何发展,如何适应新情况,如何发挥新功能,这是其在接下来的发展中必须要考虑的问题。

第二节 城市分区规划的主要内容与原则

一、城市分区规划的主要内容

编制城市分区规划的主要任务是:在总体规划的基础上,对城市土地利用、人口分布和公共设施、城市基础设施的配置做出进一步的安排,以便与详细规划更好地衔接。根据这一主要任务和城市分区规划的含义界定,城市分区规划的内容主要包括以下几个方面。

(1)原则规定分区内土地使用性质、居住人口分布、建筑及用地的容量控制指标。这具体是说根据分区内土地利用现状、自然社会经济条件划分土地用途(即居住、工业、商业、交通等各类用途),确定相应地块的主导用途,同时通过容积率、建筑系数等各项容量控制指标控制各类用地的强度。

(2)确定市、区、居住区级公共设施的分布及其用地范围。这需要在进行分区规划时,综合考虑人口、经济发展的需要和各级公共设施的属性(辐射型和集聚型、公益型和花费型等各种类型)和服务半径,在此基础上确定公共设施的数量,布置各级公共设施并确定其用地范围。

(3)确定城市主、次干道和支路的红线位置、断面、控制点坐标和标高,确定支路的走向、宽度以及主要交叉口、广场、停车场

▲ 低碳时代的城市规划与管理探究

位置和控制范围。这项内容主要是对分区内的交通用地进行规划,具体来说要根据客货流的不同特性、交通工具性质、交通速度差异将分区内道路分为三级,即主干道(全市性干道,主要联系城市中的主要工矿企业,主要交通枢纽和全市性公共场所等,为城市主要客货运输路线,一般红线宽度为 30~45m)、次干道(区干道,为联系主要道路之间的辅助交通路线,一般红线宽度为 25~40m)和支路(街坊道路,是各街坊之间的联系道路,一般红线宽度为 12~25m)。不仅如此,规划时还要充分结合当地自然条件、社会条件和现状条件,注意节约用地和投资费用,满足敷设各种管线及与人防工程相结合的要求,确定各级道路的走向、宽度、控制点坐标、位置和断面以及交叉口、广场和停车场位置和规模等道路系统形式。此外,也要充分结合城市道路布局,形成一个完整的城市道路系统。

(4)确定绿化系统、河湖水面、供电高压线走廊、对外交通设施、风景名胜的用地界线和文物古迹、传统街区的保护范围,提出空间形态的保护要求。具体来说,绿化不仅能美化城市,还能很好地改善和保护城市环境。尤其在低碳时代,城市对绿化的要求越来越高。绿化系统的布置应综合考虑工业用地、居住用地、道路系统以及当地自然地形等方面的条件,要遵循因地制宜原则,充分结合河湖山川自然环境和绿化特点,均衡分布,有机形成绿地系统,连成网络系统。供电高压线走廊要在符合总体规划的要求基础上,尽可能地节省投资,同时要保障安全,与其他建设协调;当然还要充分考虑城市发展远景的电力需求,留出必要宽度的电力走廊。文物古迹、传统街区的保护主要包括三方面:一是建筑的保护;二是街道格局、空间系统的保护;三是景观界面的保护。空间形态的保护侧重于景观的保护,主要内容包括历史城区空间格局的保护、城市布局的调整和城市外围环境的控制。

(5)确定工程干管的位置、走向、管径、服务范围以及主要工程设施的位置和用地范围,主干线的分布及其标准。城市中各种管线一般都沿着道路敷设,各种管线工程的用途不同,性能和要求也不一样。但工程干管的布置应根据自然地形、城市规划或发展方向、道路系统以及其他管线综合布置等因素，根据管线工程的用途性质，结合分区大小、人口密度、用户分布情况等进行技术经济比较和规划设计，确定其位置、走向、管径、服务范围。具体来讲，管线综合布置与总平面图、竖向设计和绿化布置统一进行，管线敷设方式应根据管线内介质的性质、地形、生产安全、交通运输、施工检修等因素，经过经济技术比较后择优选择。

(6)确定居住小区、新区开发和旧区改造的地点、位置和用地范围，并提出城市建筑布局的基本要求。这一内容主要是针对目前城市化发展迅速的现象而确定的，关键在于合理处理新区开发和旧区改造的关系，以形成合理的城市布局和形态。居住区的规划应根据总体规划和近期建设的要求，对居住区内各项建设做好综合全面的安排，并考虑一定时期经济发展水平和居民的文化背景、经济生活水平、生活习惯、物质技术条件以及气候、地形等条件，同时应注意远近结合，对今后的发展不形成妨碍。

二、城市分区规划的影响因素与原则

(一)城市分区规划的影响因素

在城市分区规划中，为了确定合适可行的土地利用和空间布局形式，除了要充分考虑城市规划的有关法律法规和城市总体规划外，还应当综合考虑历史、社会和经济三方面的影响因素。

1. 历史因素

历史因素是城市功能分区的形成基础。它主要从以下两个方面对城市分区规划产生影响。

(1)城市的历史背景对城市土地利用功能分区产生着重大影响。城市的原有基础往往对现在的功能分区现状起着较大的决定作用。尤其是中国的城市，经历了封建社会时期、半殖民地半封建社会时期、社会主义计划经济时期和市场经济时期这一长期的发展过程。在这一过程中,城市功能分区在很大程度上受到了很多历史因素的影响。例如,上海市现代中心商务区(CBD)的发展变化就充分体现了历史对其的影响。如图4-2所示,上海现代CBD主要分布在黄浦区,同时也在此基础上向徐家汇、五角场、真如、花木等地区扩展,从而形成了上海目前"一个中心四个副中心"的空间格局形态。

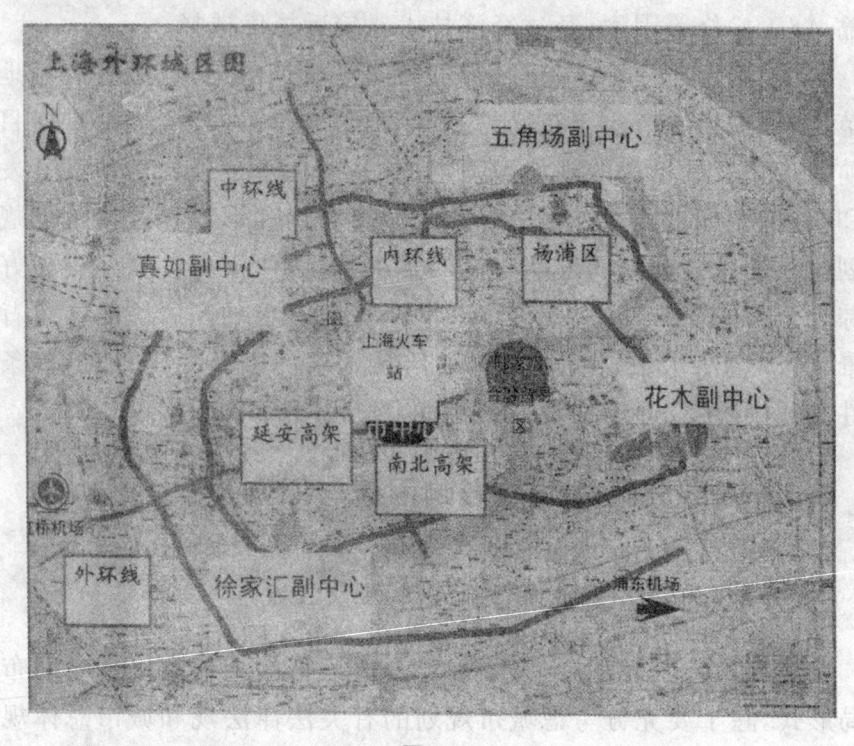

图 4-2

(2)城市的功能分区成型之后并不会就此固定不变,而是会随着城市具体发展情况的变化而变化,有些功能分区甚至会出现较大的差别。例如,市中心附近的住宅区往往会随着时间的推移而衰落,而商业区会得到很好的发展。此外,城内污染工厂外迁后可能改建为住宅区,可见,城市的土地利用会随历史的变迁而变化。

2.社会因素

社会因素对城市地域功能分区的影响主要表现在住宅区的分化上。以下是几个重要因素。

(1)收入。收入对住宅区分化的影响最大。它是形成不同级别住宅区的最为明显的因素。一般只有收入较高的人群才能够承担起高级住宅的房价或是租金,所以选择高级住宅的也就是收入高的人群。此外,收入低的人群担负不起高级住宅的房价和租金,也不愿意与高收入人群距离太近。这就使得不同级别的住宅区要么位置相对,要么距离很远。

(2)知名度。这也较大地影响着人们对住宅区的选择。在一个城市中,一般总是有一些地区具有较高的声誉,或者是因为历史方面的因素,或者是因为经济方面的因素,也或者是因为文化方面的因素,总之民众对其的印象很好。因此,高收入阶层和上层阶级的人们都希望将住宅建在这些地区,以便持续提高自己的身价与地位,增加知名度。知名度的高低对住宅分区自然形成了较大的影响。除了影响住宅分区外,对商业区和工业区的发展变化也是有一定影响的。例如,虽然在繁华热闹的地区有很多的建筑物,活动空间狭窄,在这里新建商场有些客观条件并不是很好,但其知名度高,所以不少开发商依然会选择这里。

(3)行政。近年来,在城市功能区的形成方面,政府的行政规划也越来越发挥出明显的影响作用。政府做出的行政规划,一般都规定了住宅、工厂具体可以建设的地方和不允许建设的地方,并通过相应的法律进行专门保护。实际上,政府的行政规划并不是盲目的主观意志,而是充分依据地域功能的内在分异规律,综合地考虑了历史、经济和社会因素。行政力量影响下的城市分区规划并不是一经确定就不变了的,当社会经济出现变化的时候,它也会不断进行修改与完善,提高自身的适应性。

(4)种族。它也在很大程度上对住宅区的分异产生影响。在西方多种族聚居的城市里,种族对城市分区规划的影响是非常显著的,在这种因素下城市中会出现特定的种族聚居区,如北美的唐人街、黑人区等。但对中国绝大多数城市而言,这种因素影响还比较小。

3. 经济因素

在当今越来越激烈的市场竞争环境下,经济因素对城市多种功能区分化起着越来越重要的作用。一方面,因位置、通达度的不同造成了土地价格或地租的差异;另一方面,商业、工业、住宅对用地的竞争能力也不同。

关于上述第二个方面所说的各种功能活动对土地的竞争力,其主要表现付租能力。付租能力即支付土地租金的能力,它取决于各种功能活动本身的特点。在竞争环境下,谁的付租能力最强,谁就能够租用某一块特定的土地。一般情况下,随着空间的变化,商业、工业和住宅的付租能力也会有不同的变化(图4-3)。

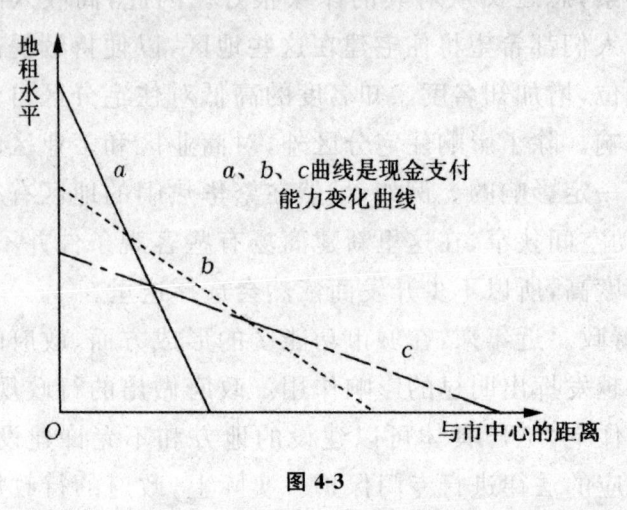

图 4-3

在图4-3中,a曲线、b曲线、c曲线分别是商业活动付租能力、工业活动付租能力和居住活动付租能力的变化曲线。可以看出,在这三条曲线中,a曲线随距离变化最急剧,直线最陡;b曲线次之,c曲线随距离变化最不敏感,直线最平缓。所以,如果单纯考虑付租能力,城市商业区、住宅区和工业区的分布应当是由城心向外依次分布,也就是说,与市中心距离最近的应该是商业区,稍远一点的是住宅区,最远的则是工业区。

在一个城市中,某一区域的区位条件好,土地的租金就高,区位条件差,租金就低。关于区位条件,这里说的主要有两点,一是距市中心的远近;二是交通通达度。离市中心越近,土地的租金越高,反之则土地租金越低;交通的通达度越好,土地租金越高。

所以,综合考虑付租能力和地租两个因素,商业区一般设在地租最高峰的市中心和地租次高峰的道路相交处;工业区设在地租较高的道路两侧;住宅区设在地租较低的其他地方。[1]

实际上,影响城市分区的因素还有很多,但上述因素是最主要的。这些因素相互影响、共同作用才形成了城市分区的结果,并且这些影响因素也随着社会、经济的发展而变化。因此,城市分区规划的编制应当充分考虑这些因素,统筹兼顾,动态弹性,综合部署。

(二)城市分区规划的原则

要想编制科学的城市分区规划,并完美实施,就必须充分考虑城市分区规划的影响因素,在此基础上还应当遵循一定的原则,具体指以下几个方面的原则。

1.连续性原则

这一原则要求人们在编制与实施城市分区规划时要不断延续、深化和完善城市总体规划,同时要与详细规划紧密地连接起来。此外,城市分区规划必须留有一定的弹性和灵活性,以适应城市不同发展阶段的要求,使其能够持续地发展。

2.现实性原则

现实性原则是指在编制与实施城市分区规划时要切实考虑各个城市的现实特点(包括历史、经济和社会各方面优劣势),抓

---

[1] 郑毅.城市规划手册[M].北京:中国建筑工业出版社,2000:282.

住各个城市分区规划的症结,突出重点解决一些实际的问题。

3. 操作性原则

操作性原则要求城市分区规划不要总是停留在理论的不断挖掘上,而是要能真正被应用在城市规划实践中。因此,首先,编制的时候要切实考虑它能否作为下一层次规划的重要依据,能否切实指导下一层次的规划实践;其次,分区规划的内容要充分体现实施的可能性和可行性,易于操作管理。

4. 生态性原则

低碳时代的城市分区规划还非常看重生态环境,因此在具体的编制与实施中要坚持可持续发展战略,不断改善能源结构,节省能源,提高资源利用率,合理利用城市土地,并减少污染的排放,保持生态的平衡。

5. 以人为本原则

分区规划主要以进一步控制和协调不同地段的土地用途、范围和容量为主旨,最根本的还是为城市居民着想。因此,分区规划应当充分满足城市居民的需求,包括物质方面的、文化方面的和环境方面的,以便切实创造出更有利于城市居民良好发展的条件。尤其是在规划住宅布局、交通网络、人口及建筑密度时,充分考虑居民,力求使居民在吃、住、行方面更方便、更舒适。

第三节 城市分区规划的程序与成果要求

一、城市分区规划的程序

根据《中华人民共和国城市规划法》的相关规定,以及城市分区规划与城市总体规划和详细规划之间的关系,我国城市分区规

第四章 低碳时代城市分区规划探究

划的工作程序如图 4-4 所示。

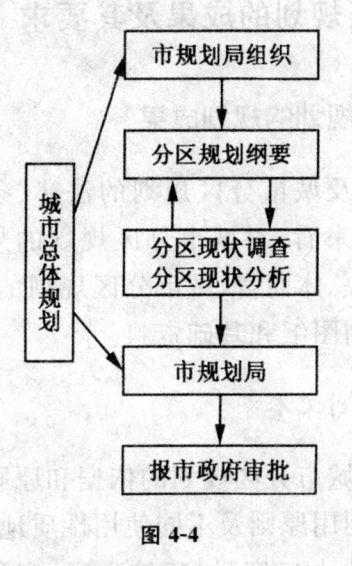

```
城市总体规划 → 市规划局组织
             ↓ ↑
           分区规划纲要
             ↓ ↑
           分区现状调查
           分区现状分析
             ↓
           市规划局
             ↓
           报市政府审批
```

图 4-4

从图 4-4 中可以看出,城市分区规划必须依据城市总体规划进行。其中,分区规划纲要是最为重要的一个环节。编写规划纲要的过程,就是统一认识、集思广益的过程。在这个过程中,规划者需要将城市总体规划意图和分区各方面的意见集中起来,形成合理的规划构思,在规划构思基础上进行规划。这样有利于提高城市分区规划的质量和效率。

关于市政府的审批,《中华人民共和国城市规划法》第二十一条规定:"城市分区规划由城市人民政府审批。"其审批过程一般如下。

(1)规划设计单位将依据评审纪要重新做出的规划成果送交规划管理部门。

(2)规划管理部门对成果进行审查,应就其是否达到任务书要求、是否符合评审纪要精神做出审查意见。若成果未达到有关要求,则将审查意见连同报送的规划成果反馈给规划设计单位,重新编制成果。

(3)由市规划局报请市政府审查批复,给市政府的审批报告由局长审批签发。

(4)经批准的规划成果由规划管理部门盖章后提供使用。

二、城市分区规划的成果及其要求

(一)城市分区规划的规划成果

从当前国内涉及城市分区规划的法律、条例和方法,以及很多专家学者的研究来看,对城市分区规划的规划成果方面,都有较为一致的意见。总体而言,城市分区规划的规划成果包括分区规划文本、分区规划图纸和基础资料。

1.城市分区规划文本

(1)总则:编制城市分区规划的依据和原则。
(2)分区土地利用原则及不同使用性质地段的划分。
(3)分区内各片人口容量、建筑高度、容积率等控制指标,还需列出用地平衡表,如表 4-1 所示。

表 4-1　某城市分区规划中的用地平衡表

项目	面积(m^2)	比例	人均面积(m^2)	控制指标(比例)
规划总用地	55 880.00	100%	14.76	
住宅用地	39 659.99	70.97%	10.48	60%~75%
商业用地	9 752.61	17.45%	2.58	6%~18%
道路用地	3 436.62	6.15%	0.91	5%~12%
公共绿地	3 030.78	5.42%	0.80	3%~8%

(4)道路(包括主、次干道)规划红线位置及控制点坐标、标高。
(5)绿地、河湖水面、高压走廊、文物古迹、历史地段的保护管理要求。
(6)工程管网及主要市政公用设施的规划要求。

2.城市分区规划图纸

(1)规划分区位置图。这种图纸主要表现各分区在城市中的位置，如图 4-5 所示的四川天府新区的规划分区位置图。

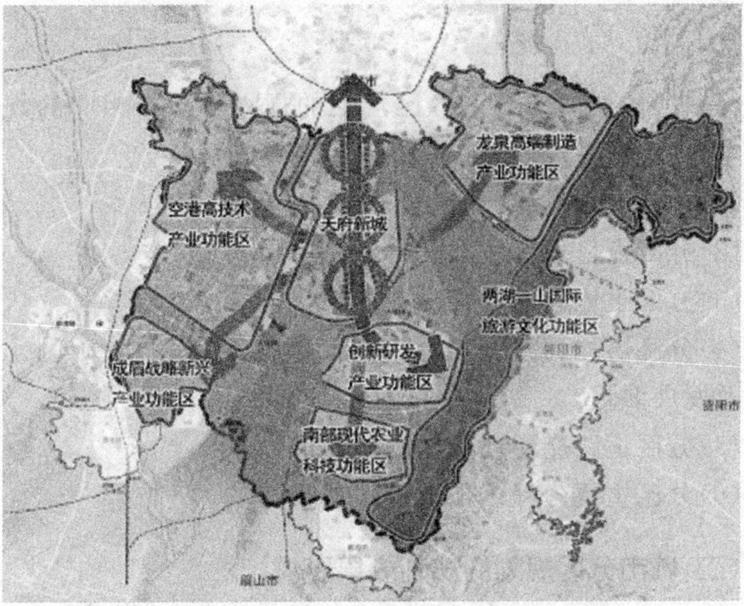

图 4-5

（2）分区现状图。图纸比例为 1/5 000，内容为：分类标绘土地利用现状，深度以《城市用地分类与规划建设用地标准》中的中类为主，小类为辅；市级、区级及居住区级中心区位置、范围；重要地名、街道名称及主要单位名称。

（3）分区土地利用规划图。图纸比例为 1/5 000，内容为：规划的各类用地界线，深度同现状图；规划的市级、区级及居住区级中心的位置和用地范围；绿地、河湖水面、高压走廊、文物古迹、历史地段的用地界线和保护范围；重要地名、街道名称。

（4）分区建筑容量规划图。该图纸要标明建筑高度、容积率等控制指标及分区界线。

（5）道路广场规划图。该图纸主要包括规划主、次干道和支路的走向、红线、断面，主要控制点坐标、标高，主要道路交叉口形式和用地范围，主要广场、停车场位置和用地范围。

（6）各项工程管网规划图。在该图纸中，要根据需要分专业标明现状与规划的工程管线位置、走向、管径、服务范围，标明主要工程设施的位置和用地范围。

3.基础资料

根据上述列出的城市分区规划的规划成果及相应的规划成果要求,城市分区规划需收集以下一些基础资料。

(1)总体规划对分区的要求。

(2)分区人口现状。

(3)分区土地利用现状。

(4)分区居住、公建、工业、仓储、市政公用设施、绿地、水面等现状及发展要求。

(5)分区道路交通现状及发展要求。

(6)分区主要工程设施及管网现状。

(二)城市分区规划的规划成果要求

在当今信息化时代,信息技术迅猛发展,因此城市分区规划也应当跟上时代的步伐,充分运用最新的科学技术,建立城市规划信息库,改进规划设计、规划管理的手段,从而提高规划成果质量和设计水平。

关于城市分区规划的规划成果,新时代对其的要求主要包括以下几点。

(1)制图要标准和规范。关于城市分区规划成果中的各种图纸,应制定一系列计算机图件交换格式规定,如统一编码、统一图名、统一图例,使各个设计单位在编制规划的过程中有所遵照的标准,方便数据入库、图形连接和应用。

(2)规划成图要清晰明了、快速便捷。分区规划的图纸有很多,相应地也就有很大的数据量,所以为了保证图纸的精确度,使制作的图像清晰,便于复制,要充分运用计算机辅助设计。

(3)要全面灵活地应用规划的定位技术和定标技术。计算机绘制的规划图比手工绘制的规划图要有较高的精度,所以,分区规划的用地、设施布点、道路网河流等的定位、定标都应当由计算

第四章 低碳时代城市分区规划探究

机来绘制,同时要按照制图标准要求,精确到小数点后 3~5 位数,使分区规划有很高的定位水准。

(4)采用地块编码的方式。规划设计院在做规划设计时,往往需要对地块做唯一的编号,用 AutoCAD 来手工标注费时费力,而且还容易将一些地块遗漏了,如果用一些辅助设计软件(如 GPCADK)来编号,不仅可以快速地完成工作,还能保证编号覆盖的完整性。在城市分区规划的编制中,地块编码主要是采用汉字、字母与数字混合编码的方式对城市规划区范围内的地块进行统一编号。这样非常便于查看与管理。

第五章　低碳时代城市详细规划探究

城市详细规划是对城市总体规划或城市分区规划的进一步深入与具体化,也是对一定时期内城市局部地区的土地利用、空间环境和各项建设内容所做的具体安排。城市详细规划编制的好坏,将对城市总体规划或城市分区规划的落实产生重要影响,并进一步影响到城市建设的绿色、可持续发展。

第一节　城市详细规划的编制原则与编制层次

一、城市详细规划的编制原则

在编制城市详细规划时,应切实遵循以下几个原则。

(一)指导性原则

这里所说的指导性原则,指的是在编制城市详细规划时必须要以城市总体规划或城市分区规划为指导。这是因为,城市详细规划是对城市总体规划或城市分区规划的实施,只有在编制过程中遵循城市总体规划或城市分区规划的总体要求,才能确保编制成果的科学性和合理性,继而有效地指导城市建设。具体来说,在城市详细规划编制中遵循指导性原则,要切实做到以下几个方面。

1.要满足城市的职能要求

不同的城市,其性质职能也会有一定的差异,这在城市总体规划中已经进行了明确。由于城市的性质不同,对于建筑的风格、色彩、层数、密度等也会有不同的要求,这些都需要在城市详细规划中予以体现。

2. 要满足城市布局的要求

一般来说,需要编制城市详细规划的地域范围是构成城市总体规划布局结构的一个组成部分,因此在具体的编制过程中需要遵守并实现城市总体规划的各项要求。

3. 要满足城市发展的要求

随着城市的发展,新的物质文化、土地利用内容等会逐渐产生。这就要求在进行城市详细规划编制时,要对城市的未来发展前景以及规划地区在未来城市发展中所具有的作用进行综合考量,以确保编制后的城市详细规划能够推动城市总体发展规划所确定的城市发展目标的最终实现。

（二）以人为本原则

以人为本原则要求在编制城市详细规划时,必须以满足人的需求为规划目标,尽可能为人们提供各种各样的活动空间。城市详细规划是对人的工作、生活等具体空间环境的设计和组织,因而相比其他的规划来说,要更为注重满足人的需求。而且,城市详细规划只有切实遵循以人为本原则进行规划,才能确保城市空间环境的统一与和谐,创造出具有亲切感、充实感、平衡感和时代感时的城市空间环境。

（三）独特性原则

在世界上,基本不存在两个完全相同的城市。由于每个城市在自然环境、历史传统、地域位置与发展作用上都有自身的独特特征,因而在城市的形象进行塑造时,必须要与城市的具体特征相符合。这就要求在编制城市详细规划时,注意对城市的特色进行突出,即城市详细规划编制必须遵循独特性原则。

(四)可行性原则

可行性原则指的是在编制城市详细规划时,要充分考虑到城市开发管理的需求,并要确保城市规划能够获得多方投资主体的认可、满足各方利益主体的需求。此外,可行性原则还要求编制的城市详细规划必须要具有一定的灵活性,即能够根据实施中的具体情况进行详细的调整或修改。

二、城市详细规划的编制层次

(一)城市控制性详细规划编制

进行城市控制性详细规划编制时,最为关键的是编制城市具体用地以及建设的控制指标。这一控制指标一旦确定,城市建设主管部门在具体开展城市建设时就要切实予以遵循。

(二)城市修建性详细规划编制

进行城市修建性详细规划编制时,最为关键的是以已经获得批准的城市控制性详细规划为依据,具体地对所在地块的建设进行设计与安排。

第二节 控制性详细规划与修建性详细规划分析

一、控制性详细规划

(一)控制性详细规划的含义

控制性详细规划指的是"以城市总体规划或分区规划为依据,确定建设地区的土地使用性质和使用强度的控制指标、道路和工程管线控制性位置以及空间环境控制的规划"[①]。

在我国,控制性详细规划可以说是在经济体制转型的推动下产生的,改革开放以来,我国城市经济有了飞速的发展,且计划经济体制逐渐向市场经济体制过渡。在其影响下,城市土地使用制度由无偿、无限期使用转向有偿、有限期使用,城市土地使用权可以在市场中流转。与此同时,一些城市由于片面追求土地使用的经济效益和高利润造成了城市空间格局混乱,环境质量下降,损害了社会整体利益。面对这一情况,如何在城市发展和变化中对城市土地进行合理有效的利用和分配,成为中国城市建设开发管理面临的重要挑战。因此,必须制定有效的引导、控制和管理城市开发建设的规划来解决城市建设面临的问题。于是,在借鉴国外土地分区管制(区划)的原理,并充分考量中国城市实际情况的基础上,控制性详细规划应运而生。自控制性详细规划产生后,便在我国获得了较为迅速的发展,在城市规划中的运用也越来越广泛。

(二)控制性详细规划的特点

具体来说,控制性详细规划的特点有以下几个。

1. 延续性

控制性详细规划既要秉承总体规划或分区规划的宏观要领,又要深化微观控制;既有带强制性的指令,又应具备引导意向性的内容;既要密切结合现状条件,又必须考虑城市发展的趋向。把总体规划或分区规划的整体思路予以延续、延展、延伸,并与下一步修建性详细规划良好地衔接,正是编制控制性详细规划的核心要旨。

2. 多样性

城市功能多样,土地级差收益差异较大,城市土地利用类型

[①] 卢新海,张军.现代城市规划与管理[M].上海:复旦大学出版社,2006:130.

多样,这决定了控制性城市规划的复杂性。控制性详细规划的复杂性特点,也决定其控制性要求及控制方式必然是多样的。

3. 量化性

在控制性详细规划中,不仅要确定每块土地的使用性质,还要确定每类土地的规划面积。此外,建筑密度、建筑高度、容积率和绿地率等指标均须确定其大小。因此,控制性详细规划主要是通过一系列量化的指标对建设用地起到带强制性控制的作用,科学而合理地确定控制性详细规划的指标体系的量化值也是开展控制性详细规划工作是必须要高度重视的一项工作。

4. 可行性

控制性详细规划的成果必须为下一阶段的规划管理和建设提供可实际操作的具体依据,它也是编制本阶段规划的最终目的。因此,"可行性"也是控制性详细规划工作成败的重要衡量标志。

5. 灵活性

由于社会、经济等的发展是瞬息万变的,因此城市建设在实践中,往往因为形势的变化、建设项目的组织要求及投资体制的多渠道来源等条件影响,控制性指标除主要有规定性内容之外,还要有一些引导性的指标,用地性质也往往有以某一类为主兼容其他功能的综合性内涵。这些都要求本阶段的规划必须体现一定程度的灵活性。

(三)控制性详细规划的控制体系

通常而言,控制性详细规划的控制体系具体包括以下几方面的内容。

第一,土地使用控制。土地使用控制就是具体规定在某一建设用地的使用性质及其具体的建设内容、建设面积、建设位置以及建设范围等。

第二,环境容量控制。环境容量控制实际上是对土地使用强度的控制,即要确定每块建设用地面积,可开发的建筑量和人口规模等。环境容量控制的控制指标为容积率、建筑密度、人口容量、绿地率等。其中,容积率是建筑面积与地块占地面积之比,反映的是一定用地范围内建筑物的总量;建筑密度是指建筑总面积与建筑基地总面积之比,反映的是一定用地范围内的建筑物的覆盖程度;人口容量是规划地块内部每公顷用地的居住人口数;绿地率表示在建设用地里绿地所占的比例,反映的是用地内环境质量和效果。

第三,建筑建造控制。建筑建造控制主要是通过规定建筑物的具体高度、间距、消防、安全防护等内容来实现的,目的是为生产、生活提供良好的环境条件。

第四,配套设施控制。配套设施控制是对居住、商业、工业、仓储等用地上的文化、教育、体育、医疗卫生等公共设施设备以及给水、排水、电力、通讯、燃气等市政公用设施建设提出的定量配置要求,目的是保证生产生活的正常进行。

第五,城市设计引导。城市设计引导是依照美学和空间艺术处理原则,从建筑单体环境和建筑群体环境两个层面对建筑设计和建筑建造提出指导性综合设计要求和建议,目的是创造美好的城市环境。

第六,行为活动控制。行为活动控制是从外部环境要求出发,对建设项目就交通活动和环境保护两方面提出控制规定。其中,交通活动控制主要是通过组织公共交通及其运行、规定出入口的数量与方向、规定地块内可以通行的车辆类型、划定停车位置等来实现的;环境保护控制是通过制定污染物排放标准来实现的,且这一控制的实现需要当地环境保护部门的密切配合。

(四)控制性详细规划的编制

1.控制性详细规划的编制内容

控制性详细规划的编制具体涉及以下几方面的内容。

第一，对用地的具体性质及其界限进行明确，并确定每种性质的用地上允许或禁止建设的建筑类型。

第二，对各个地块上的建筑的具体形态指标(如高度、密度、绿地率等)进行确定。

第三，明确交通的合理组织形式、建筑的后退红线距离以及公共设施的配套要求等。

第四，提出具体的城市设计原则。

第五，明确各类工程设施与管线的位置。

第六，制定相应的土地使用与建筑管理规定。

2. 控制性详细规划的编制程序

(1) 收集、整理基础资料

控制性详细规划的编制工作首先从基础资料的收集与整理入手的。根据控制性详细规划的编制需要，基础资料的搜集应该尽可能完整齐全(如城市总体规划或分区规划对本规划地段的规划要求、人口构成与分布情况、当前建筑情况、公共设施情况、地方政府的近远期规划等)，以提高规划质量及工作效率。

(2) 编制控制性详细规划方案初稿

编制控制性详细规划方案初稿，应包括对现状资料的分析、确定总体构思意向、绘制总体布局方案、制定控制指标及参考指标数据规定、确定各建设地块的控制要求、编制规划成果六部分。

(3) 上报人民政府进行审批

城市控制性详细规划方案在编制完成后，需要提交城市人民政府进行审批。这里需要特别指出的是，城市人民政府只负责审批控制性详细规划的重要内容，对于其他的一般内容，城市人民政府多会授权城市规划管理部门进行审批。

城市人民政府在收到上报的城市控制性详细规划方案后，要积极组织相关人员进行审查，并在充分考量城市发展实际的基础上决定是否予以通过。

(4)修改控制性详细规划方案

上报的控制性详细规划方案在审批通过后,便可以予以实施。若是未通过审批,则需要进一步对控制性详细规划方案进行修改,并在修改后再次上报人民政府进行审批,直到审批通过。

二、修建性详细规划

(一)修建性详细规划的含义

修建性详细规划指的是"以城市总体规划或分区规划、控制性详细规划为依据,制定用于指导各项建筑和工程设施的设计和施工的规划设计"[1]。修建性详细规划则更注重实施的技术经济条件及其具体的工程施工设计。

(二)修建性详细规划的特点

具体来说,修建性详细规划的特点有以下几个。

1. 计划性

在开展修建性详细规划时,要切实依据已制定的开发建设项目策划以及已确定的不同功能建筑的建设要求。只有这样,修建性详细规划才能真正在城市空间的组织与建设中得到落实。这也表明,修建性详细规划具有较强的计划性。

2. 形象性

修建性详细规划不论是对规划的意图进行表达,还是对规划的相关问题进行说明,都会采用规划图纸的方式,即借助规划模型、规划图纸等将具体规划范围内的物质空间构成要素(包括建筑物、道路、广场、绿地等)形象地表现出来。因此,形象性也是修建性详细规划的一个重要特点。

---

[1] 程道平.现代城市规划[M].北京:科学出版社,2010:108.

3. 多元性

修建性详细规划的多元性特点主要是针对其编制主体而言的。与控制性详细规划代表政府意志,对城市土地利用与开发建设活动实施统一控制与管理不同,修建性详细规划本身并不具备法律效力,且其内容同样受到控制性详细规划的制约。因此,修建性详细规划的编制主体除了政府机构外,还可以是土地权的所有者、开发商等。

(三)修建性详细规划的编制

在编制修建性详细规划时,需要包括以下几方面的内容。

1. 用地建设条件分析

在修建性详细规划中,用地建设条件分析可具体从地形条件分析(即分析场地的高度、坡度等)、场地现状建筑物情况分析(即分析建筑物的建设年代、质量、风格等)、城市发展研究(即分析城市经济社会发展水平、影响规划场地开发的城市建设因素、市民生活习惯及行为愿意等)、区位条件分析(即分析规划场地的区位和功能、交通条件、公共设施配套状况、市政设施服务水平、周边环境景观要素等)、用地功能分析(即对用地功能加以空间组织和分区)。其中,用地功能分析是传统的形态规划的基本做法,目的是对用地进行使用性质分区。结合近年实践,在通常的用地功能分区基础上,可增加四点内容:一是混合功能区,指既用于商业,又用于住宅或其他办公、旅馆等建设,有时甚至是混合建筑;二是特殊功能区,即对某些具有地理特征和历史意义的地区,规定其特殊的利用性质,只供某些特殊项目建设之用,如商业中心、会议中心、展览中心、少数民族聚居区等;三是有条件开发区,即对某些地块规定了特定的开发条件,开发者或土地拥有者只允许在满足规定的条件下进行开发;四是鼓励性建设区,即在区内采取一些鼓励性措施,如允许提高建筑物的高度、增加建筑面积等,以获得地面的一块绿地、一条拱廊或一段通道等。

2.建筑布局与规划设计

建筑布局与规划设计主要在各类土地使用性质分区和各项用地建设指标的基础上进行,包括对建筑物的高度、体量、尺度、比例、分布等的设计,许多城市都制定了相应的准则,以作为设计的指导。

3.绿地和公共活动场地系统的规划设计

这是指向居民开放的城市公共活动空间,如街道、广场、绿地、公园、水体、庭院和运动场地等。新型公共活动空间还包括建筑综合体内的中庭、市内街道和广场、屋顶花园等。

4.道路交通的规划设计

在对道路交通进行规划时,要切实包括以下几方面的内容。

第一,在深入分析交通影响的基础上,制定能够对规划场地的交通问题进行有效解决的交通组织和设计方案。

第二,合理设计规划基地内不同等级道路的平面与断面。

第三,在切实遵循相关规定的基础上,对规划场地的地上及地下停车空间进行合理规划与配置。

第四,为保障残障人士的正常与安全出行,要对无障碍通路进行科学规划。

5.市民活动的组织

空间的设置与市民活动直接关联,规划设计不仅要依此组织空间,更要创造方便多样的活动条件,诸如购物、餐饮、观赏、休息等。这些都是编制规划时应思考的内容。

6.环境指标的规定

环境指标对创造优美城市空间环境具有积极意义。对此,有的城市已高度重视,作了较详细的规定,包括对绿化、美化的要求和各种防污染条款,如居住区内有关植树密度、草坪、艺术街景、喷泉与水池、儿童游戏设备等的具体规定;在商业用地中对橱窗、照明、广告牌等各种标志的明确要求等。

7. 投资效益分析和综合技术经济论证

要进行土地成本估算,向规划委托方了解土地成本数据,对旧区改建项目和含有拆迁内容的详细规划项目还应统计拆迁建筑量和拆迁人口与家庭数,根据当地的拆迁补偿政策估算拆迁成本;要进行工程成本估算:对规划方案的土方填挖量、基础设施、道路桥梁、绿化工程、建筑建造与安装费用等进行总量估算;要进行相关税费估算,包括前期费用、税费、财务成本、管理费、不可预见费用等;要进行总造价估算,综合估算项目总体建设成本,并初步论述规划方案的投资效益;要进行综合技术经济论证,在以上各项工作的基础上对方案进行综合技术经济论证。

8. 其他工作

除了上述各项工作以外,修建性详细规划工作还包括工程管线规划设计、竖向规划设计以及分析投资效益等。

第三节　重点街区详细规划与工业园区详细规划分析

一、重点街区详细规划

(一)商业中心区详细规划

城市商业中心是城市居民社会生活集中的地方,也是商业活动集中的地方。它以商品零售功能为主体,配套餐饮、文化娱乐设施,也可有金融、贸易行业。它是最能反映城市活力、文化、建筑风貌和城市特色的地方。

1. 商业中心区的布局要点

商业中心区应根据城市总体规划布局,综合考虑后确定其合理的位置,从而使其成为城市形象和城市趣味的集中点,更集中体现城市商业活动的空间特征。具体来说,在对城市的商业中心进行布局时,要特别注意以下几个方面。

(1) 要充分利用原有的基础进行布局

城市居民的商业活动是社区生活最活跃而积极的体现,要使一个新的城市社区具有相应的聚集性和吸引力,没有相当长的时间是极难实现的。在旧城,都有历史上多年形成的商业活动中心地段,并与服务业及文化娱乐设施、交通集散的枢纽点、行政中心等机构形成了具有一定吸引力和地方韵味的城市中心地段。因此,充分利用城市原有的基础,是事半功倍的办法。上海市中心区及区中心的发展也是依托原有的商业街和商业区,如南京路、城隍庙区、淮海路、徐家汇、人民广场等。

(2) 要确保适度的规模

商业中心的规划建设,必须结合国情,使商业供给与消费匹配,可适度超前,过度超前就是资源浪费。按照世界惯例,只有在交通便利、周边商圈人口超过百万的情况下,方能支撑起一个营业面积几十万平方米的大型购物中心。若是不顾实际情况盲目进行商业中心建设,只会导致资源的浪费以及环境的破坏。

(3) 要协调好与交通的关系

各级商业中心的运行必须依托良好的交通条件,但又要避免交通拥挤、停车困难和人车互相干扰。为了符合行车安全和交通通畅的要求,组织好商业中心的人、车及客运、货运交通是至关重要的。在旧城基础上发展的商业中心,一般都是建筑密集,人、车密集,停车空间有限,而且往往还有历史上形成的有艺术、文物价值的建筑,吸引大量人流。为了解决交通拥挤,在交通组织上应考虑以下四点：一是要疏解与中心活动无关的过境交通；二是积极开辟步行区，这样既可形成熙攘融合的购物休闲环境，又可避开人车的干扰；三是在中心区四周布置足够的停车设施；四是积极发展立体交通，北京王府井商业区、西单商业区便在积极发展这种交通模式。

（4）要掌握合理的环境容量

商业中心合理的人流密度，是维持正常的运营秩序和健康宜人的购物休闲环境的关键指标；规划设计的环境规模也是计算商业中心总体顾客容量的重要依据。根据典型调研分析，不同的人均占用活动场地面积、不同的人流动态密度，人流环境容量状态有很大区别（表5-1）。此外，一般不应按约束—阻滞的状态规划计算标准人流规模，而应保持在商业中心行人适当有所干扰的状态，这是掌握合理环境容量的推荐指标。

表5-1 商业中心区人流环境容量状态分析表

人流状态	人均占用场地面积/（m²/人）	人流动态密度/（人/min·m）
阻滞	0.2~1	60~82
混乱	1~1.5	46~60
拥挤	1.5~2.2	33~46
约束	2.2~3.7	20~33
干扰	3.7~12	6.5~20
无干扰	12~50	1.6~6.5

2.商业中心区的建筑布局

在对商业中心的建筑进行布局时，需要遵循以下几方面的要求。

第一，各商店吸引人流的能力有强、弱之分，在规划中应避免因人流密度过分悬殊，使某一地段、某一时间的人流过于拥挤。

第二，大型综合性商场是商业街区的重点建筑也往往是形象性项目，宜布置在商业中心的较开阔部位，并应毗邻休息和集散广场。

第三,适应人们购物有选择比较的实际和心理要求,同类商业服务设施宜成组地相对集中布置,以利形成聚集效应,提升商气和人气。

第四,超市是人们日常生活购物的集中场所,人流、车流拥挤,应安排在停车条件良好的地段。

第五,以妇女为主要顾客的商店,如妇女用品、儿童用品、床上用品、化妆用品商店等,宜布置在街道内部,并与综合性商场、服装店等相邻。

第六,家具店、家用电器商店,宜布置在商业中心的边缘,应设置相应的场地,以利家具及大件家用电器的停放和搬运,减少对其他商业设施的干扰。

第七,日杂商店所售为基本常用商品,宜布置在中心边缘,提供便捷服务。

第八,娱乐场所人流集中,疏散和消防要求高,应布置在街区边缘,并应设置集散缓冲场地。

3.商业中心区的交通组织

商业中心是人流、车流最为集中的地区,既要有良好的交通条件,又要避免交通拥挤、人车干扰。因此,最大限度地避免人车混行,是商业中心交通组织的焦点。在城市中心采用全部管制、部分管制或定时封锁车流的方法开辟步行街,把商业中心从人车混行的交通道路中分离出来,形成步行商业街,是一种行之有效的普遍做法。也就是说,要在城市中心区开辟步行系统,把人流量大的公共建筑组织在步行系统之中,使人流、车流明确分开,各行其道。

(二)CBD区详细规划

CBD区即中央商务区(或中心商务区),它是城市中全市性(或区域性)商务办公的集中区,集中着商业、金融、保险、服务、信息等各种机构,是城市经济活动的核心地带。

1. CBD 区的布局要点

城市商务中心通常位于城市的中心位置,这里的中心位置通常是指相对的中心,而不是几何中心,如北京的 CBD 区。随着功能构成的完善和规模的扩大,商务中心区在城市中的位置也应该有合理的调整,但其位移的距离相对于城市用地范围而言是有限的。总之,其位置一般应处于城市交通的中枢与传统商业中心之间。

大致来说,城市商务中心在城市中的位置大致可以有三种方案:一是与城市(商业)中心组合,一般为混合中心形式的城市商务中心;二是与城市(商业)中心分立,一般为单一中心形式的城市商务中心;三是脱离城市中心区,一般为多中心形式的城市商务中心。

2. CBD 区的用地布局

在城市用地功能的总体规划中,应该对与 CBD 相关的其他地区功能作通盘一体化的调整,才可以使城市商务中心区的效能得到最大限度的发挥。例如,澳大利亚悉尼 CBD 旁,是一个旧滨水工业区和铁轨大院,改建为充满人性化设计的"情人公园",配建了码头餐厅—娱乐区,使之充满生机,获得了巨大的成功。

3. CBD 区的交通组织

在对 CBD 区的交通进行组织时,应特别注意以下几个方面。

第一,要制定合理的城市交通发展战略,包括道路网络功能调整与重组、设立分层立体交通系统、组建快速交通系统、兴建地铁等措施。

第二,要建设足够的停车空间,满足静态交通要求。

第三,要充分体现人性化的要求,重视区内人行的交通系统。

第四,在城市商务中心土地成本昂贵的情况下,应优先发展公交系统，这是解决城市商务中心交通问题的普遍政策。同时，要积极发展混合公交系统，形成轨道及公共汽车交通网络，并提供优先通行权。

第五，要加强与市内及区域的交通关系，必须与国际航空港、高速公路、铁路等大型交通设施有便捷的联系。

第六，要保持合理的路网密度，地块尺度以不小于150m且不大于300m见方为宜。由于城市商务中心区的高层建筑密集，要特别注重垂直交通与水平交通节点及与步行系统、停车场库之间的衔接与联系。

（三）文化休闲中心区详细规划

城市的文化休闲中心区是市民和旅游观光者聚集活动的重要场所，是城市中最为活跃而富有生气的区位，甚至可以作为一个城市形象的集中体现。

1. 文化休闲中心区的布局要点

在城市中布局文化休闲中心区时，需要遵循以下几个布局要点。

第一，要区位适中，有强烈的聚集力和辐射力。

第二，要具有地方特色和时代特点，体现开放、民主和传统文化精神。

第三，要交通便捷，有较强的通达力。

第四，要确保设施建设人性化，适宜不同层次活动需求。

2. 文化休闲中心区的布局形式

在对城市的文化休闲中心区进行布局时，可以采用以下几种形式。

（1）规则式布局

位于城市轴线或重点发展地段，一般呈对称式布局。此类布局的中心广场或中心建筑富于纪念性与公众性，体现宜人作用。

▲ 低碳时代的城市规划与管理探究

华盛顿宾夕法尼亚中心大道、北京天安门广场（图5-1）、上海人民广场、巴黎旺多姆广场、澳大利亚堪培拉中心广场等都是采用的这种布局形式。

图 5-1

（2）自由式布局

自由式布局结合自然条件及现状条件，规划布局与城市整体空间有机联系，能较好地体现城市的环境特点和历史发展特征。自由式布局中，一类是将城市的历史文脉作为重点，突出城市中心的文化休闲功能及在空间上与传统的联系，如波士顿市政厅广场、柏林文化中心；另一类是将自然因素作为重点，借自然用地条件，就势布置，如柏林联邦政府中心、东京上野文化中心（图5-2）。

图 5-2

(3) 综合式布局

综合式布局介于上述两种形式之间,在一般中小型城市、历史文化名城(镇)及分区的文化休闲中心较为多见。

3. 文化休闲中心区的交通组织

文化休闲中心区的人流十分密集,因而在对车流和人流进行组织时,要充分考虑到以下几个方面。

第一,要体现公交优先原则,创造便捷的公共交通系统。

第二,要规划一定的步行范围,建立均匀服务的步行及换乘网络,适应重大活动的交通集散。

第三,要布置足够的停车空间。

第四,要截流无关的过境穿行交通。

第五,要在有条件的地区发展立体交通,实施人车分流。

4. 文化休闲中心区的景观与环境设计

文化休闲中心区的景观与环境设计,需要遵循以下几方面的要求。

第一,要形成严整与开放的格局,便于活动。

第二,要突出地方特色与文化传统,形成个性化风格和特色。

第三,要塑造象征性标志,彰显城市文化形象。

第四,要注重人工环境与自然环境的融合,造就一种遐想性与亲切感的氛围。

二、工业园区详细规划

工业园区是城市工业化进程中经济发展的带动区、体制和科技创新的试验区、城市发展的新区。自改革开放以来,我国的工业园区大量涌现,为各地的经济发展起到了重要的促进作用,因而成为城市规划建设中的一个重要环节。

（一）工业园区的规划原则

具体来说，工业园区的规划原则有以下几个。

1. 节约用地原则

土地是工业园区的基本资源，是工业园区发展的载体，因此土地的开发利用在工业园区的各种资源中显得尤为重要。由于我国的建设用地十分紧缺，因此在进行工业园区规划时必须充分考虑土地使用的经济效益，使有限的土地发挥出最大的效益。此外，还要注意提高园区企业的准入条件，尽可能吸引占地少、科技含量高、相关产业链长的企业入园，以降低园区单位土地面积的投资额和提高单位土地面积的产值额，使园区的"寸土"变成"寸金"。

2. 集群性原则

这一原则指的是在进行工业园区规划时，要尽可能使园区的产业品类形成产业群，不能单打一。注重发展产业集群，尽可能加长产业价值链，这个产业价值链不是在一个企业内部完成的，而是由一系列的相关企业协同才能实现。这种做法是国内外园区建设获得成功的共同准则。

3. 独特性原则

这一原则指的是在进行工业园区规划时，要尽可能使园区的产业结构有自身特点，避免相互类同、重复建设。应根据本地区的资源特点和区域经济发展总体战略，科学地确定园区的主导主体产业，形成园区的"龙头"产业，并由此组成具有自身特色的产业集群，培育一批骨干企业和自主创新型品牌，以加强在市场经济中的综合竞争力。

4. 可持续发展原则

在进行工业园区规划时，要注意遵循可持续发展原则，充分

第五章 低碳时代城市详细规划探究

利用本地资源特点,积极搞好节地、节水、节能、节材的"四节型"园区建设,打造高质量环境的生态型经济园区。

(二)工业园区的用地布局

一般来说,工业园区的用地结构布局主要有以下几种模式。

1.条状布局模式

这种布局模式是将生产区各厂房(标准厂房区、特殊厂房区、仓库)进行直线串联或并联布置,隔一定距离设置配套服务区(公共中心),形成直线平行发展的格局(图 5-3)。此布局的优点是各厂房交通便捷。在工业园区规模较小时,此规划结构优势明显;其弊端是工业园区规模过大时,容易导致主要道路过长、交通量过大。

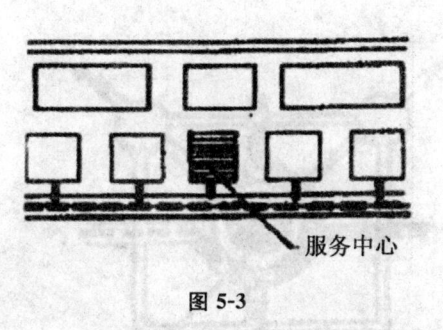

图 5-3

2.区带式布局模式

区带式布局是将厂区建筑(构筑)物按性质、要求的不同,布置成不同区域,以道路分隔开,各部分相对独立。各区域适当地设置配套服务区(图 5-4)。此类布置形式较为分散,具有通风采光良好、方便管理、便于扩展等优点,但同时也存在着占地面积大,运输线路、管线长,建设投入多、不经济等缺点。

3.环(网)状布局模式

环(网)状布局指以配套服务区为核心,生产区围绕其展开(图 5-5)。其优点是配套服务区服务半径均匀,组织方式灵活。

▲ 低碳时代的城市规划与管理探究

根据园区规模的不同,还可以设置若干个不同等级的中心,即在工业园区中设置一个以管理服务、商业、居住等为主要功能的中心,另外在各工业组团中设置次级中心。此布局可实现工业区的灵活拓展、多个组团均衡发展;组团之间可设置绿地,保护生态环境。

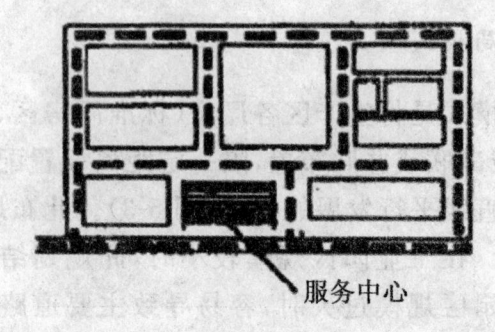

图 5-4

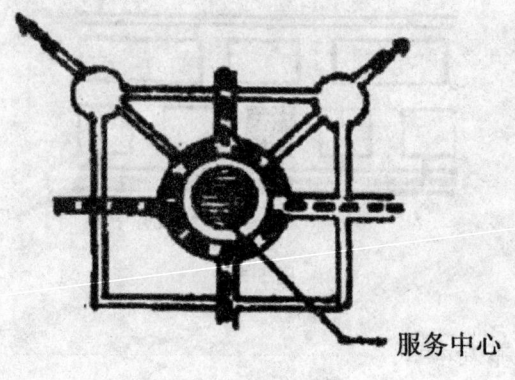

图 5-5

4. 混合式结构

混合式布局是由上述布局模式组合而成(图 5-6)。此布局形式兼具上述各布局形式的优点:环(网)状布局有利于提高其可达性和服务均匀性,便于服务区充分发挥其最大服务管理效益;区带式布局又有利于不同工业区的灵活布置和整个园区的可持续发展要求。

服务中心

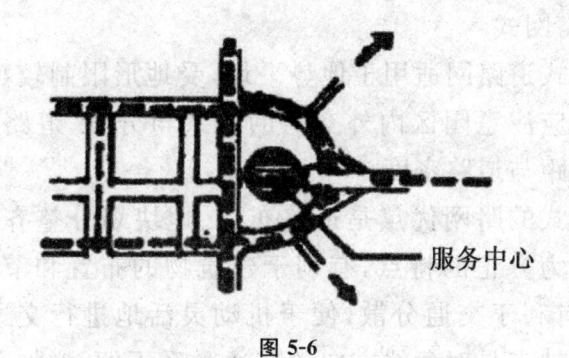

图 5-6

(三)工业园区的交通组织

凡是工厂就必然有运输作业,从原料到产品,从燃料到废物清除,从一个功能单元到另一个功能单元,都需要通过各种各样的运输方式来传递、输送。因而,工业园区应根据物料和人员流动特点,合理确定道路系统的组织与断面及其他技术要求。

1. 工业园区交通组织的要求

在对工业园区的交通进行组织时,要切实遵循以下几方面的要求。

第一,要满足生产、运输、安装、检修、消防及环境卫生的要求。

第二,要划分功能分区,并与区内主要建筑物轴线平行或垂直,宜呈环形布置。

第三,要有利于场地及道路的雨水排除。

第四,要与厂外道路连接方便、短捷。

第五,要使建设工程施工道路与永久性道路相结合。

2. 工业园区道路网的布局形式

工业园区道路网的布局要根据园区特点、自身发展需要、园区规模、用地布局、交通等要求来确定,具体有以下几种形式。

(1) 方格网式

方格网式道路网适用于地势平坦,受地形限制较小的工业园区。设计时应注意园区内外交通的联系与分离、道路的分级、适宜的道路间距与道路密度。

方格网式的路网优点是道路布局、地块划分整齐,符合工业建筑造型较为方正的特点,有利于建筑物的布置和节约用地;平行道路多,有利于交通分散,便于机动灵活地进行交通组织。该形式路网的缺点是对角线方向的交通联系不便,增加了部分车辆的绕行。

(2) 自由式

自由式道路网是适用于地形起伏较大的地区,道路结合自然地形呈不规则状布置。其优点是可适应不同的基地特点,灵活地布置用地;但其缺点是受自然地形制约,可能会出现较多的不规则空地,造成建设用地分散和浪费。

自由式道路网规划的基本思想是结合地形,需要因地制宜进行规划设计,没有固定的模式。如果综合考虑园区用地布局和景观等因素,精心规划,不仅同样可以建成高效的道路运行系统,而且可以形成活泼丰富的景观效果。

(3) 混合式

混合式道路网系统是对上述两种道路网结构形式的综合,即在一个道路网中,同时存在几种类型的道路网,组合成混合式的道路网。其特点是扬长避短,充分发挥各种形式路网的优势。混合式路网布局的基本原则是视分区的自然地物特征,确定各自采取何种具体形式,以使规划的路网取得好的效果。

第六章　低碳时代城市专项规划探究

　　城市专项规划是在城市总体规划的指导下,为更有效地实施规划意图,对城市要素中系统性强、关联度大的内容或对城市整体、长期发展影响巨大的建设项目,从公众利益出发对其空间利用所进行的系统研究。简而言之,就是对某一专项进行空间布局规划。城市专项规划涉及的内容广泛,本章主要对城市交通、城市绿地、城市给排水、城市管线与防灾、城市供电与供热这几大专项规划进行研究。

第一节　城市交通规划分析

　　城市交通由两部分组成,一是城市内部交通,二是城市对外交通。前者主要包括城市道路系统以及城市公共交通系统;后者主要是指将城市各点与外部空间连接起来的交通,通常包括铁路、公路、水路、航空等运输。对于城市交通的规划分析即是从这两部分入手。

一、城市内部交通规划

(一)城市道路系统规划

　　道路系统是城市骨架,又是城市动脉,城市道路布局是否合理,这对于城市经济发展而言是十分重要且关键的。固定下来的城市道路系统,对城市未来的发展起着决定性作用,其深远影响会一直延续下去。对于城市道路系统进行规划,需要特别关注以下方面。

1. 确定城市干道网络

城市干道网络的形成受很多因素影响,除了自然地理、历史条件以外,当地的经济、文化、政治、交通需求等也是重要的影响因素。综观世界各国,常见的道路网络形式有以下几种。

(1)方格网式

方格网式也常被称作棋盘式,这种道路网络类型在全球很多地方都可以看见,一般地形平坦的城市会形成这种类型的道路网络。方格网式道路网络有其优越的特点:一是可以整齐地划分街坊形状,这对建筑布置是十分有利的;二是平行方向上道路众多,这样有利于化解交通拥堵,较为灵活。但是方格网式也有固有的缺点:对角线方向的交通联系不便,非直线系数(道路距离与空间直线距离之比)大。针对此缺点,有的城市在方格网的基础上增加若干条放射干线,想要以此化解对角线方向交通存在的问题,但是又生成了新的问题:增设的放射干线使街坊形成了新的三角形,交叉路口变得多且复杂,这使建筑布置变得不便,也给交叉口的交通组织造成了压力。有的城市完全保留方格网式,通过交通管制的手段缓解旧城区遗留形成的道路狭窄、交通拥堵等情况。方格网式道路也并不一定都是纯直线,有的也会因为地形的起伏变化而做出些微调整以顺应地形,但整体仍旧呈方格网形式,所以被称作变形方格网。

(2)环形放射式

这种形式的道路系统通常见于欧洲以广场组织城市中心的规划手法,它脱胎于几何构图,很多大城市的道路系统都是这种形式。

最初是几何构图的产物,大城市多采用这种形式的道路系统。环形放射式在功能上有两个最为突出的优点:一是将郊区与中心城区外的市区有效地连接起来,二是将郊区与市中心同外围市区有效地连接起来。得益于以上优点,推动了环形干道上的经济发展,使城市呈同心圆式一步一步地向外扩张。环形放射式道路系统的缺点也不能忽视:因为与城市外围连接便利,因此城市外围的交通易于涌进城市中心,给城市中心造成交通压力,同时因为街坊被不规则地划分,使交通陷入混乱,不够灵活。为了充分发挥环形放射式道路系统的优点,改善其缺点,有的城市将原有的环形放射路网调整改建为快速干道系统,以求缓解城市中心的交通压力,而这种做法也加速了环形干道的对外发展。

(3)自由式

自由式道路网络系统的形成与地形有着很大的关系,一般采用这种形式的城市地形起伏与变化都比较大,因此形成的格式没有统一形态,划分的街坊都较为不规则,非直线系数较大。如果综合考虑城市用地的布局、建筑的布置、道路工程及创造城市景观等因素精心规划,既能获取良好的经济收益,同时还能缓解交通压力,并形成错落有致、生动活泼的景观效果。

(4)混合式

混合式道路系统形成的原因有很多种:有的原本因为历史、地理自然条件形成了某种道路网络,但是随着历史的变迁,规划建设的思想也在不断变化,因而道路网络一再变化;有的是因为自然地理条件发生变化(如地震、洪灾等)迫于修改城市道路网络;还有的是在现代城市规划思想的影响下,有意识地结合城市的地形、发展等情况采用多种道路网络类型寻求规划最优化。

2.明确城市道路功能分类

在现代城市道路系统中,按照交通性质、通行能力和行驶速度等指标,可将城市道路划分为快速路、主干路、次干路和支路四个等级(表6-1)。

表 6-1 城市道路功能分类

道路等级	交通特征	机动车设计速度/(km/h)	道路网系统密度/(km/km²)	机动车车道数/条	道路宽度/m
快速路	大中城市的骨干和过境道路,承担城市中的大量、长距离快速交通	60~80	0.3~0.5	4~8	35~45
主干路	全市性干路,连接城市各主要分区,以交通功能为主	40~60	0.8~1.2	4~8	35~55
次干路	地区性干路,起集散交通的作用,兼有服务功能	40	1.2~1.4	2~6	35~50
支路	次干路与街坊路的连接线,解决局部地区交通,以服务功能为主	30	3.0~4.0	2~4	15~30

快速路与主干路属于交通性道路,构成了城市道路系统的骨架,主要承载城市各地区间以及对外交通系统间的交通流量。次干路以交通性为主,同时兼具交通性和生活性两重功能;支路通常为生活性道路,在居民区、商业区和工业区内起广泛的联系作用。

3. 拟定城市道路横断面类型

横断面会有不同的类型,这是由车行道的布置得名的。一块

第六章 低碳时代城市专项规划探究

板道路横断面即不用分隔带划分车行道的道路横断面;两块板道路横断面即用分隔带划分车行道为两部分的道路横断面;三块板断面即用分隔带将车行道划分为三部分的道路横断面;四块板断面即用分隔带将车行道划分为四部分的道路横断面。

(1)一块板道路横断面

一块板道路的车行道可以用作机动车专用道、自行车专用道以及大量作为机动车与非机动车混合行驶的次干道及支路。

(2)两块板道路横断面

两块板道路通常是利用中央分隔带(可布置低矮绿化)将车行道分成两部分。

(3)三块板道路横断面

三块板道路通常是利用两条分隔带将机动车流和非机动车流分开,机动车与非机动车分道行驶,可以提高机动车和非机动车的行驶速度、保障交通安全。

(4)四块板道路横断面

四块板横断面就是在三块板的基础上,增加一条中央分隔带,解决对向机动车相互干扰的问题。

道路横断面的设计必须考虑近远期结合的要求:近期不需要的路面就不要铺设,以满足近期要求为首要前提;其次,道路横断面的设计要为今后道路的设计留有扩建的余地,要为今后的交通运输多多设想。

4.停车场的规划

停车场在城市规划中也被称为静态交通,它由两部分组成,一是机动车停车场,二是自行车停车场。作为城市道路交通不可分割的一部分,对于停车场的规划需考虑以下方面。

(1)停车场规模的确定

关于停车场规模的确定,一般认为其与城市规模、经济发展水平、汽车保有水平、居民主要出行方式、停车收费政策等有关。对于具体停车场的规模则与高峰日平均停车总次数、车位有效周转次数、平均停车时间、车辆停放不均匀性有关；对停车场面积的需求无论是全市所需总量还是具体某种类型的城市活动均可采用一定的经验公式或数据计算得出。

（2）停车场的选址

城市停车场的选址应遵循以下原则。

①对外交通集中场所不仅人流量大，车流量也很大，比如机场、火车站、港口等地，在停车场选址的时候应首先考虑车辆进出的便捷，同时还要注意不影响道路交通，造成不必要的堵塞。

②城市内部交通也有很多集散点，如公交站、广场、地铁站等，这些地点附近也最好设置停车场，便于人们换乘。

③一些文化体育设施附近车流量、人流量也大，如百货商场、体育馆、电影院等，这些地方附近也应设施停车场，便于人流、车流的集散。

④主干道旁不宜设置停车场。因为主干道车流量大，若是设置停车场，会影响主干道上车流的正常行驶，造车交通压力，鉴于此，可将停车场设置在次干道旁。

⑤停车场的选址要保证车辆的进出方便，同时不会与其他道路的车辆有冲突或者交叉。

（二）城市公共交通规划

城市公共交通是为当地城乡居民和外来人群出行活动乘用的各种交通方式的总称。包括定时、定点、定线行驶的公共汽车、无轨电车、有轨电车、轻轨、地下铁道、客运轮渡等交通工具以及不定线行驶的出租汽车。各种交通方式之间相互配合，将城市各个地区有机地联系在一起，满足各类人群出行的需要，对城乡社会、经济发展具有保障作用。城市公共交通规划主要包括以下内容。

1. 预测公共交通数量

收集预测公交客运量的基础资料，选择预测方法，进行预测

第六章 低碳时代城市专项规划探究

计算和分析,确定预测值。

2. 确定公共交通的方式

《城市道路交通设计规范》提出不同规模城市主要公共交通方式,见表6-2。

表6-2 不同规模城市的最大出行时耗和主要公共交通方式

城市规模		最大出行时耗(min)	主要公共交通方式
大	>200万人	60	大、中运量快速轨道交通公共汽车电车
	100万~200万人	50	中运量快速轨道交通公共汽车电车
	<100万人	40	公共汽车电车
中		35	公共汽车
小		25	公共汽车

3. 预测公共交通运营车辆数

根据客运量、客流量等对所需要的公共交通运营车辆进行计算。

4. 进行公共交通线路网布局规划

对公共交通线路网络进行规划的要点在于布局,需要考虑以下因素。

(1)公共交通线路必须综合安排,组成一个有机的整体。市区线路、郊区线路和对外交通线路,要紧密衔接。选择各条线路的客运能力应与高峰小时客流量相适应。

(2)合理安排公交线路,提高公交覆盖面积,线路走向要符合城市客流的主要流向,也要考虑公交线路网的合理密度,线路不能只集中主要干道,还应延伸到支路。

(3)对于大城市或特大城市,规划安排快速公交线、普通线和支线组成的多层次公交线路网,利用城市干道系统形成公交专用道网络,根据客流量将公交专用道分为全时段和高峰时段两种。在城市主干道上开辟快速公交线,保证公交车快速通行。新建居住区必须同步安排公交线路。

(4)主要客流集散点,应设置不同交通方式的换乘枢纽,方便乘客换乘。

(5)规划人口规模在150万人以上大城市或特大城市,需要做轨道交通线网规划方案。为发挥轨道交通快速、大运量优势,应使轨道线路、车站与城市中心地区的大型客流集散地之间有方便的联系,同时向枢纽场站、机场、周边的重点城镇和地区延伸。为扩大轨道交通的吸引范围,要重视轨道交通接运公共交通线路的规划。

5.公共交通场站设施用地规划

城市公交场站设施一般有公交停车场、车辆保养场、整流站、公共交通车辆调度中心等。城市公交场站设施布局,应根据公共交通的车种车辆数、服务半径和所在地区的用地条件设置。

公共交通停车场应大、中、小相结合,分散布置,一般大、中型公共交通停车场宜布置在城市的边缘地区。

公共交通车辆保养场应使高级保养集中、低级保养分散,并与公共交通停车场相结合。其用地指标如表6-3所示。

表6-3 保养场用地面积指标

保养场规模(辆)	每辆车的保养场地用地面积(m^2/辆)	
	单节公共汽车和电车	铰接式公共汽车和电车
50	220	280
100	210	270
200	200	260
300	190	250
400	180	230

二、城市对外交通规划

城市对外交通运输是城市对外保持密切联系，维持城市正常运转的重要手段。它以城市为基点，将城市与城市之间、城市与郊区之间连接起来，这种连接主要是依靠铁路、公路、水运、航运等形式来实现的。至此，城市内部与外部交通形成了一个有机的、统一的网络系统，在二者的协调配合之下，城市的正常运转得到了保证。下面就对城市对外交通的布局进行重点介绍。

（一）铁路在城市中的布局

铁路是城市对外交通中最主要的设施，它有着三个显著的优点：一是速度较快，二是运输量大，三是安全性较高。一般中长距离的运输会选择这种运输方式。

城市范围内的铁路设施分为两类：一类是直接与城市生产和生活有密切关系的客货运设施，如客货运站及货场等，这些设施应尽可能靠近中心城区或工业、仓储等功能区布置；另一类是与城市生活没有直接关系的设施，如编组站、客车整备场、迂回线等，应尽可能地在远离中心区的城市外围布置。铁路客运站是对外交通与市内的交通重要衔接点，铁路客运站往往也是聚集城市各种服务功能，如商业零售、餐饮、旅馆的地区，为了提高铁路运输的效能，必须注重道路、公交线路等市内交通设施的配套衔接。

（二）公路在城市中的布局

不同于城市内部的公路，对外交通中的公路承担着将城市与城市郊区、其他城市等联系起来的职责，可以看作城市道路的延续。我们常说的国道、省道、县道是根据公路的性质和作用以及在国家公路网中的位置划分的。高速公路和一级、二级、三级、四级公路是按照公路的适用任务、功能和适应的交通量划分的。

城市是公路网的节点，合理布置城市范围内的公路和设施，能大大提高公路运输的效益，还能优化行车的环境，同时加强城市与城市之间的联系,缓解交通运输的压力。在规划公路道路的时候,还要考虑客货运站点,这是将公路网络串联起来的关键。

(三)港口在城市中的布局

港口是水陆联运和水上运输的枢纽,它的活动由船舶航运、货物装卸、库场储存、后方集疏运四个环节共同完成。这四个生产作业系统的共同活动形成了港口的吞吐能力。

港口由两部分组成,一是水域,二是路域。水域用于支持船舶航行、运转、停泊、水上装卸等活动,水深、面积、避风浪条件都是水域因考虑的因素;路域是用于支持旅客上下以及货物装卸、存放、转载等活动,岸线的纵深、长度、高程是路域要考虑的因素。

在对港口进行布局的时候,有以下几个方面需要注意:第一,在建设港口的时候,也要考虑区域交通,港口辐射的区域范围以及周围交通的状况都会对港口的规模产生一定的影响。第二,建设港口的时候也要考虑到工业布置的问题,港口有公路、铁路、航空等不可比拟的优势,工业布置时可以凭借其优势将厂址设置在通水航道上。第三,作业区布置与岸线分配必须合理、规范,这对城市的全局有重大影响。第四,加强水运与陆运之间的紧密联系,发挥港口的枢纽作用,使城市内外交通形成统一。

(四)机场在城市中的布局

现代航空运输的发展给人们的活动带来了方便,起到了缩短时空距离、扩大活动空间的功效,同时给城市带来了全新的生命力。近年来,城市经济水平稳步提升,民航事业也随之发展得越来越好,以往"高大上"的航空运输对老百姓而言越来越普通,国际往来、长途旅行等人们会更多地选择航空运输的方式。根据服务的范围,航空港可分为国际机场和国内机场,国内机场又可分为干线机场、支线机场和地方机场。

航空港的选址关系到其本身功能的发展,并影响到整个城市的社会、经济和环境效益。航空港选址应综合考虑净空限制、噪声干扰、用地条件、通信导航、气象条件、生态环境、地区关系以及服务设施等各种因素,并留有发展余地,使其具有长远的适应性。大型航空港不宜布置在城区附近,但也不应离市区过远,不然,往返于航空港的时间过长将抵消航空运输快捷的优势。航空港并不是航空运输的终点,它将地空运输有机地连接了起来,使航空运输在城市地面交通的配合之下最终得以完成全过程。由此可见,航空港的布局也是交通规划中不可忽视的一部分。航空港与市内交通的组织形式取决于港城之间的距离、交通流量和服务标准,根据不同的情况可以采用快速地面汽车交通、大运量轨道交通和市内航空站等交通方式。

第二节 城市绿地规划分析

在我国的城市规划体系中,城市绿地规划是与用地规划、道路系统规划相并列的一项重要的规划内容。本节的主要内容就是认识城市绿地,并对其规划进行简单介绍。

一、城市绿地的分类

2002年,建设部颁布了《城市绿地分类标准》。该分类标准将城市绿地划分为五大类,即公园绿地G1、生产绿地G2、防护绿地G3、附属绿地G4、其他绿地G5(表6-4)。

公园绿地(G1)是指向公众开放,以游憩为主要功能,兼具生态、美化、防灾等作用的绿地。包括城市中的综合公园、社区公园、专类公园、带状公园以及街旁绿地。公园绿地与城市的居住、生活密切相关,是城市绿地的重要部分。

生产绿地(G2)是指为城市绿化提供苗木、花草、种子的苗圃、花圃、草圃的圃地。是城市绿化材料的重要来源,对城市植物多样性保护有积极的作用。

表6-4　城市绿地分类标准（CJJ/T 85—2002）

大类	中类	小类	类别名称	大类	中类	小类	类别名称
G1	G11		公园绿地	G2			生产绿地
			综合公园	G3			防护绿地
		G111	全市性公园				附属绿地
		G112	区域性公园		G41		居住绿地
	G12		社区公园		G42		公共设施绿地
		G121	居住区公园		G43		工业绿地
		G122	小区公园	G4	G44		仓储绿地
	G13		专类公园		G45		对外交通绿地
		G131	儿童公园		G46		道路绿地
		G132	动物园		G47		市政设施绿地
		G133	植物园		G48		特殊绿地
		G132	历史名园	G5			其他绿地
		G135	风景名胜				
		G136	游乐公园				
		G137	替他专类				
	G14		带状公园				
	G15		街旁绿地				

防护绿地（G3）是指对城市具有卫生、隔离和安全防护功能的绿地，包括城市卫生隔离带、道路防护绿地、城市高压走廊绿带、防风林、城市组团隔离带等。

附属绿地（G4）是指城市建设用地（除G1、G2、G3之外）中的附属绿化用地。包括居住用地、公共设施用地、工业用地、仓储用地、对外交通用地、道路广场用地、市政设施用地和特殊用地中的绿地。

其他绿地（G5）是指对城市生态环境质量、居民休闲生活、城市景观和生物多样性保护有直接影响的绿地。包括风景名胜区、水源保护区、郊野公园、森林公园、自然保护区，风景林地、城市绿化隔离带、野生动植物园、湿地、垃圾填埋场恢复绿地等。

二、城市绿化规划指标

城市绿地指标是反映城市绿化建设质量和数量的量化方式，也是对城市绿地规划编制评定和绿化建设质量考核中主要指标。一般来说，城市绿化规划指标包括人均公共绿地面积、城市绿化覆盖率和城市绿地率。建设部于1993年颁布的《城市绿化规划建设指标的规定》对各指标的定义、计算方法等内容做出了规定。

（一）人均公共绿地

人均公共绿地面积是指城市中每个居民平均占有公共绿地的面积。计算公式如下：

人均公共绿地面积（平方米）＝城市公共绿地总面积÷城市非农业人口

（二）绿化覆盖率

城市绿化覆盖率是指城市绿化覆盖面积占城市面积的比率。计算公式为：

城市绿化覆盖率（％）＝（城市内全部绿化种植垂直投影面积÷城市面积）×100％

（三）绿地率

城市绿地率是指城市各类绿地（含公共绿地、居住区绿地、单位附属绿地、防护绿地、生产绿地、风景林地六类）总面积占城市面积的比率。计算公式为：

城市绿地率（％）＝（城市六类绿地面积之和÷城市总面积）×100％

需要注意的是，上述三项指标的达标并不意味着城市已经达到一个较高的绿化水平，这仅仅是绿化的最低标准。长期以来，中国城市的绿地指标一直偏低，有潜力的城市，特别是直辖市、省会城市、计划单列城市、沿海开放城市、风景旅游城市、历史文化名城、新开发城市和流动人口较多的城市等,还应该在此基础上设定较高的标准,进一步提高绿地数量和绿化质量。

另外,上述三项指标仅仅是对绿化水平最基础的评判指标,既不是按照生态、卫生要求,也不是按照理想的社会发展需要来制定的,而是根据中国目前实际情况和发展速度,经过努力可以达到的低水平标准。因此中国城市绿化指标只规定了指标的下限,距达到满足生态需要的标准相差甚远。而且,单凭三项指标难以全面评测绿化水平,相关的指标还有植树成活率、保存率、苗木自给率、绿化种植层次结构、垂直绿化等指标。灵活地选择相关指标配合使用,可以更为全面地评价城市的整体绿化水平和绿化质量。

三、城市绿地规划的内容

(一) 城市绿地规划的主要任务

城市绿地系统规划的主要任务包括以下方面。

(1) 根据城市的自然条件、社会经济条件、城市性质、发展目标、用地布局等要求,确定城市绿化建设的发展目标和规划指标。

(2) 研究城市地区和乡村地区的相互关系,结合城市自然地貌,统筹安排市域大环境绿化的空间布局。

(3) 确定城市绿地系统的规划结构,合理确定各类城市绿地的总体关系。

(4) 统筹安排各类城市绿地,分别确定其位置、性质、范围和发展指标。

(5) 城市绿化树种规划。

(6) 城市生物多样性保护与建设的目标,任务和保护措施。

(7) 城市古树名木的保护与现状的统筹安排。

(8) 制定分期建设规划,确定近期规划的具体项目和重点项目,提出建设规模和投资估算等。

第六章　低碳时代城市专项规划探究

(9)从政策、法规、行政、技术经济等方面,提出城市绿地系统规划的实施细则。

(10)编制城市绿地系统规划的图纸和文件。

(二)各规划体系中城市绿地规划的重点内容

1. 总体规划中城市绿地系统的重点内容

在总体规划中,对城市绿地系统的规划主要囊括绿地规划目标、规划绿地类型、绿地规划原则、绿地应用植物规划、规划实施方案等内容。在对上述内容进行规划的时候,还必须充分考虑城市总体规划、城市风景旅游规划、城市土地利用规划等,以求合理协调,同时,依据城市绿地系统规划过程中的问题、策略等,也对城市总体规划及发展战略有警示、建议作用。

2. 分区规划中城市绿地系统的重点内容

有的城市规模较大,在对其绿地系统进行规划的时候,可以根据其所属行政区或者城市规划用地管理将其进行分区,然后针对分区逐一进行绿地规划。对于分区绿地进行规划时,重点需要考虑分区绿地规划的规划目标、规划原则、绿地类型等内容,此外还要注意分区与分区之间的关系,既要便于管理,又要保证协调统一。

3. 详细规划中城市绿地系统的重点内容

城市总体规划和分区规划是城市绿地系统详细规划的基础,在此基础上,对规划范围内的绿地类型、绿地种植物类型、绿地结构的规模等内容进行安排、实施。针对重点绿地建设项目,可以进一步制定详细规划,规划设计的内容更加细致,如景点建筑的样式、植物的配置、绿地的结构等。以上仍需建立与修建性详细规划保持一致,并以此为指导。

第三节　城市给排水规划分析

一座城市想要生存与发展自然离不开水，可以说水是一座城市的生命之源。制定高效、合理、规范、节约、生态的城市给水和排水工程系统规划，是城市健康、安全的保证，也是城市持续发展的关键。

一、城市给水工程系统规划

（一）城市给水工程系统的构成与功能

城市给水工程系统由城市取水工程、净水工程、输配水工程等组成。

1. 取水工程

城市取水工程包括城市水源（含地表水、地下水）、取水口、取水构筑物、提升原水的一级泵站以及输送原水到净水工程的输水管等设施，还应包括在特殊情况下为蓄、引城市水源所筑的水闸、堤坝等设施。取水工程的功能是将原水取、送到城市净水工程，为城市提供足够的水源。

2. 净水工程

净水工程包括城市自来水厂、清水库、输送净水的二级泵站等设施。净水工程的功能是将原水净化处理成符合城市用水水质标准的净水，并加压输入城市供水管网。

3. 输配水工程

输配水工程包括从净水工程输入城市供配水管网的输水管道、供配水管网以及调节水量、水压的高压水池、水塔、清水增压泵站等设施。输配水工程的功能是将净水保质、保量、稳压地输送至用户。

(二)城市给水工程规划要点

1. 取水设施的选址要点

(1)地表水取水设施选址要点

地表水取水设施选址对取水的水质、水量、安全可靠性、投资、施工、运行管理及河流的综合利用都有影响。所以,地质、水文、地形、卫生等条件都应纳入规划考虑的范围之内。具体来说,在针对地表水取水设施进行选址时,有以下要点值得注意。

①选取的地点要满足水质良好、水量充沛的条件,最好是工业和城镇的上游,那里的河段比较清洁。取水构筑物应避开河流中回流区和死水区,潮汐河道取水口应尽量排除海水倒灌的问题;水库的取水口应靠近大坝,与水库淤泥积聚的地方保持一定距离;湖泊取水口应避免设置在支流汇入口,同时还应远离藻类聚集生长的地区,适宜设置在近湖泊出口处;海水取水口应设在海湾内风浪较小的地区,尽量避免泥沙淤积还有风浪的影响。

②具有稳定的河床和河岸,靠近主流,有足够的水源,水深一般不小于2.5~3.0m。弯曲河段上,宜设在河流的凹岸,但应避开凹岸主流的顶冲点;顺直的河段上,宜设在河床稳定、水深流急、主流靠岸的窄河段处。取水口不宜放在入海的河口地段和支流向主流的汇入口处。

③选取的地表水应注意免受水草、泥沙、咸潮、漂浮物等的污染或者影响。

④取地表水的地方必须地质好、地形好,便于施工。不能选择滑坡、泥石流、断层、冲积层等地质脆弱的地方。除此之外,取水建筑物的地基必须满足承载力大的条件。

⑤若是地表水的取水设施附近有码头、桥梁、拦河坝、防护带等人工障碍物或者天然障碍物,必须考虑上述物对地表水可能造

成的影响,确定是否可以在此选址。

(2)地下水取水设施选址要点

地下水取水设施的选址要考虑以下因素。

①选址必须满足水质良好、水量充沛的条件。

②该地段卫生环境良好、补给条件好,同时有着较强的渗透性。

③要便于地下水的开发,也要利于取水施工及管理,因此对地质、水文、卫生防护等有一定的要求。

2.供水管网规划要点

作为给水工程中举足轻重的一部分,供水网的修建费用也是非常可观的,一般占据给水工程整个投资的四成到七成左右。这是因为,合理布置网线对城市的需求、经济等都有着很大的影响。一般来说,在布置管线时,要满足以下要求。

(1)布置供水管网不是随意的,它必须充分考虑到城市的总体规划与未来发展、城市的地形与地质、用户用水需求、水源位置、道路系统、其他管线的布置等因素。在通常情况下,只要某地有用水需求,那么该地就会均匀地布置供水管网,用水量大的用户和水量调节建筑物会与输水干道相通。干管要布置在地势较高的一边,环状管网环的大小,即干管间距离应根据建筑物用水量和对水压的要求而定。此外,供水管网应尽量避开河流、铁路。如果管道过河,那么有必要设置两条管道以防万一。

(2)居住区内的最低水头,平房为10m,二层居住房屋为12m,二层以上每层增加水头4m。高层住宅大多自设加压设备,规划管网时可不予考虑,以免全面提高供水水压。

工业用水的水压,因生产要求不同而异,有的工厂低压进水再进行加压。如果工业用水量大,可根据对水压、水质的不同要求,将管网分成几个系统,分别供水。

(3)某些城市地形起伏较大,有的地方地势高,有的地方地势低,要平衡高低地区的水压,针对地势的高低设置相应水压的管网系统,或者按压力需求增压、减压送水。

(4)节约用水仍然是值得关注的部分,尤其是大用水量的企业、工厂,应多考虑水的重复利用。例如电厂的冷却用水可以考虑供给其他工厂用于生产使用。除此之外,还需对多种管网规划方案进行比较,选出合理且经济的布置方式。

二、城市排水工程系统规划

(一)城市排水工程系统的构成与功能

城市排水工程系统由雨水排放工程、污水处理与排放工程组成。

1. 城市雨水排放工程

城市雨水排放工程有雨水管渠、雨水收集口、雨水检查井、雨水提升泵站、排涝泵站、雨水排放口等设施,还应包括为确保城市雨水排放所建的水闸、堤坝等设施。城市雨水排放工程的功能是及时收集与排放城区雨水等降水,抗御洪水、潮汛水侵袭,避免和迅速排除城区渍水。

2. 城市污水处理与排放工程

污水处理与排放工程包括污水处理厂(站)、污水管道、污水检查井、污水提升泵站、污水排放口等设施。污水处理与排放工程的功能是收集与处理城市各种生活污水、生产废水,综合利用、妥善排放处理后的污水,控制与治理城市水污染,保护城市与区域的水环境。

(二)城市排水工程规划要点

1. 污水处理设施选址要点

作为处理城市污水的主要设施,污水处理厂的地位可见一斑,对于其厂址的选择也要慎重,这对于城市规划的总体布局、城市环境保护、污水的合理利用、污水管网系统布局、污水处理厂的投资和运行管理等都有重要影响。关于污水处理厂厂址的选择要注意以下要点。

(1)污水处理厂有大量污水需要处理,因此厂址的选择必须考虑排水管网布置以及城市水系规划,此外还要将城市地形纳入考虑范围内。为了便于城市污水流入,污水处理厂应尽量设置在地势较低的地方。

(2)因为污水处理厂有大量污水需要排出,因此厂址附近应有环境容量较大的水体,这样能减少排出污水对水域的影响。此外,为了减少污水处理厂对城市环境的影响,应将厂址设置在城市水源下游,还应位于夏季主导风的下方,同时还要与城市人口稠密区等保持300m以上的距离,必要时可设置防护带。

(3)污水处理厂处理之后的污水,有的可以用于工业、农业等,因此在选择厂址时,也要考虑污水主要用户的位置,争取向其靠近。

(4)为了配合城市的发展,污水处理厂厂址的选择还需考虑到城市近期、远期的发展规划与目标,做出适时的调整,并为可能的扩建设施余地。

(5)有的地方地势较低,一到雨季就容易淹水,污水处理厂的厂址应该避免这样的地方。易发洪水的地方也不适宜设置污水处理厂。

2. 排水管网规划要点

城市排水管网规划应把握下列要点。

(1)有的时候管线较短,埋得较浅,面对这种情况,排水管网应尽量争取让雨污水自流排出。此外,管道如何布置的最为关键因素是城市的地形与地貌,管线的布置与走向应尽量与此相统一。有的地方排水区域地势较低,可以在地势低处布置排水主干管及干管,这样能让支管自流接入。有的地方地貌、地势变化较大,可以据此单独设立排水管网。

(2)污水主干管的走向与数量取决于污水处理厂和出水口的位置与数量。如大城市或地形平坦的城市,可能要建几个污水处理厂分别处理与利用污水。小城市或地形倾向一方的城市,通常只设一个污水处理厂,则只需敷设一条主干管。若一个区域内几个城镇合建污水处理厂,则需建造相应的区域污水管道系统。

(3)排水管线布置应尽量以直线为主,保持简洁,尽可能地避开山川河流以及其他建筑物或者管线,始终以城市地形为布置的首要考虑因素。通常情况下,排水管线沿城市道路布置。

(4)排水管线的布置也要考虑城市的发展规划与目标,并努力保持与其协调一致。在满足近期发展的同时,要为今后城市的发展保留扩建的可能。此外,还要将管道的使用年限纳入考虑范围内,城市主干管的使用年限要长一些,并考虑扩建的可能。

第四节 城市管线与防灾规划分析

一、城市管线综合规划

(一)城市管线的种类

城市工程管线种类多而复杂,根据不同性能和用途、不同的输送方式、敷设形式、弯曲程度等有不同的分类。按工程管线性能和用途分类可以分为给水管道、排水沟道、电力线路、电信线路、热力管道、可燃或助燃气体管道、空气管道、灰渣管道、城市垃圾输运管道、液体燃料管道、工业生产专用管道。

在我国,作为一般意义上的城市工程管线来说,主要指上述前六种管线。

(二)城市工程管线综合规划

城市工程管线综合通常根据其任务和主要内容划分为不同

的阶段:规划综合—初步设计综合—施工图详细检查阶段,并与相应的城市规划阶段相对应。规划综合对应城市总体规划阶段,主要协调各工程系统中的干线在平面布局上的问题。初步设计综合对应城市规划的详细规划阶段,对各单项工程管线的初步设计进行综合,确定各种工程管线的平面位置、竖向标高,检验相互之间的水平间距及垂直间距是否符合规范要求,管道交叉处是否存在矛盾。综合的结果及修改建议反馈至各单项工程管线的初步设计,有时甚至提出对道路断面设计的修改要求。

1.城市工程管线综合总体规划

城市工程管线综合总体规划(含分区规划)是城市总体规划的一门综合性专项规划。因此,应该与城市总体规划同步进行。城市工程管线综合总体规划工作步骤一般分为以下三阶段。

(1)基础资料收集阶段

包括城市自然地形、地貌、水文、气象等方面的资料,城市土地利用现状及规划资料,城市人口分布现状与规划资料,城市道路系统现状及规划资料,各专项工程管线系统的现状及规划资料以及国家与地方的相关技术规范。这些资料有些可以结合城市总体规划基础资料的收集工作进行,有些则来源于城市总体规划的编制成果。

(2)汇总综合及协调定案阶段

将上一个阶段所收集到的基础资料进行汇总整理,并绘制到统一的规划底图上(通常为地形图),制成管线综合平面图。检查各工程管线规划本身是否存在问题,各个工程管线规划之间是否存在矛盾。如存在问题和矛盾,需提出总体协调方案,组织相关专业共同讨论,并最终形成符合各工程管线规划要求的总体规划方案。

(3)编制规划成果阶段

城市总体规划阶段的工程管线综合成果包括:比例尺为1∶5 000～1∶10 000的平面图、比例尺为1∶200的工程管线道路标准横断面图以及相应的规划说明书。

2.城市工程管线综合详细规划

城市工程管线综合详细规划是城市详细规划中的一门专项规划,协调城市详细规划中各专业工程详细规划的管线布置,确定各种工程管线的平面位置和控制标高。城市工程管线详细规划工作同样也分为以下三个阶段。

(1)基础资料收集阶段

城市工程管线综合详细规划所需收集的基础资料与总体规划阶段相似,但更侧重于规划范围以内的地区。如果所在城市已编制过工程管线综合的总体规划,其规划成果可直接作为编制详细规划的基础资料。但在尚未编制工程管线综合总体规划的城市除了所在地区的基础资料外,有时还需收集整个城市的基础资料。

(2)汇总综合及协调定案阶段

与城市工程管线综合总体规划阶段相似,将各专项工程管线规划的成果统一汇总到管线综合平面图上,找出管线之间的问题和矛盾,组织相关专业进行讨论调整方案,并最终确定工程管线综合详细规划。

(3)编制规划成果阶段

城市工程管线综合详细规划的成果包括:管线综合详细规划平面图(通常比例尺为1∶1 000)、管线交叉点标高图(比例尺1∶500～1∶1 000)、详细规划说明书以及修订的道路标准横断面图。

二、城市防灾工程系统规划

由于城市财富和人员高度集中,一旦发生灾害,造成的损失很大。所以,在区域减灾的基础上,城市应采取措施,立足于防。城市防灾工作的重点是防止城市灾害的发生,以及防止城市所在区域发生的灾害对城市造成影响。因此,城市防灾不仅仅指防御

▲ 低碳时代的城市规划与管理探究

或防止灾害的发生，实际上还应包括对城市灾害的监测、预报、防护、抗御、救援和灾后恢复重建等多方面的工作。

（一）城市防灾工程系统的构成

城市防灾系统主要由城市消防、防洪（潮、汛）、抗震、防空袭等系统及救灾生命线系统等组成。

1. 城市消防系统

城市消防系统有消防站（队）、消防给水管网、消火栓等设施。消防系统的功能是日常防范火灾、及时发现与迅速扑灭各种火灾，避免或减少火灾损失。

2. 城市防洪（潮、汛）系统

城市防洪（潮、汛）系统有防洪（潮、汛）堤、截洪沟、泄洪沟、分洪闸、防洪闸、排涝泵站等设施。城市防洪系统的功能是采用避、拦、堵、截、导等各种方法，抗御洪水和潮汛的侵袭，排除城区涝渍，保护城市安全。

3. 城市抗震系统

城市抗震系统主要在于加强建筑物、构筑物等抗震强度，合理设置避灾疏散场地和道路。

4. 城市人民防空袭系统（简称人防系统）

城市人防系统包括防空袭指挥中心、专业防空设施、防空掩体工事、地下建筑、地下通道以及战时所需的地下仓库、水厂、变电站、医院等设施。人防设施的首要目的是在灾难来临时保障城市人民安全，但也要保证平时日常生活中其能为人们所用。城市人防系统的功能是提供战时市民防御空袭、核战争的安全空间和物资供应。

5. 城市救灾生命线系统

城市救灾生命线系统由城市急救中心、疏运通道以及给水、供电、燃气、通信等设施组成。城市救灾生命线系统的功能是在发生各种城市灾害时,提供医疗救护、运输以及供水、电、通信调度等物质条件。

(二)城市防灾主要系统规划布局要点

城市防灾五大系统规划烦琐,大多与城市总体规划同步,遵循国家规划标准,对此不再一一详细赘述,只择其规划布局要点作一简单介绍。

1. 城市消防站布局要点

(1)消防站应位于责任区的中心。

(2)消防站应设于交通便利的地点,如城市干道一侧或十字路口附近。

(3)消防站应与医院、小学、幼托以及人流集中的建筑保持50m以上的距离,以防相互干扰。

(4)消防站应确保自身的安全,与危险品或易燃易爆品的生产储运设施或单位保持200m以上间距,且位于这些设施的上风向或侧风向。

2. 城市防洪规划布局要点

(1)防洪(潮)堤

防洪(潮)堤可采用土堤、土石混合堤或石堤。堤型选择应根据当地土、石料的质量、数量、分布范围、运输条件、场地等因素综合考虑,经技术经济比较后确定。

当有足够筑堤土料时,应优先采用均质土堤。土料不足时,也可采用土石混合堤。

土堤和土石混合堤,堤顶宽度应满足堤身稳定和防洪抢险的

▲ 低碳时代的城市规划与管理探究

要求,但不宜小于 4m,堤顶兼作城市道路,其宽度应按城市公路标准确定。

(2)防洪闸

在城市防洪和防潮过程中经常遇到防潮闸、分洪闸、泄洪闸三种。防洪闸的闸址,由于其作用和性质不同,要求也不尽相同。一般应考虑下列因素。

①应符合整个防洪工程规划的要求。

②根据其功能和运用要求,综合考虑地形、地质、水流、泥沙、潮汐、航运、交通、施工和管理等因素,经技术经济比较确定。

③应选择在水流流态平顺,河床、岸坡稳定的河段。泄洪闸宜选在河段顺直或截弯取直的地点;分洪闸应选在被保护城市上游,河岸基本稳定的弯道凹岸顶点稍偏下游处或直段,闸孔轴线与河道水流方向的引水角不宜太大;挡潮闸宜选在海岸稳定地区,以接近海口为宜,并应减少强风强潮影响,上游宜有冲淤水源。

④应尽可能选择在地基土质密实、均匀、压缩性小、承载力较大和抗渗稳定性好的天然地基,应避免采用人工处理地基。

⑤交通要便利,方便物资、设施等的运输,同时还要满足场地开阔的条件。

⑥防潮闸应结合有无航运要求,距海口引河长短选择适当闸址,并应尽量避免强风、强潮影响。引河短,闸前淤积量小;引河长,纳潮量大,便于航运,但淤积量大,应根据具体情况比较确定。

⑦要有良好的进水(或出水)条件,以减少分洪闸(或泄洪闸)对江河的淤积或冲刷影响。因此,闸址应选在河流的凹岸、弯道顶点以下为好。

⑧分洪闸闸址应尽量靠近城市及滞洪区,以充分发挥对城市河段的分洪作用,并减少分洪道的工程量。

⑨泄洪闸的闸址选择,要注意泄洪时对附近现有水工构筑物安全和运用的影响。

⑩水流态复杂的大型防洪闸闸址选择,应有水工模型试验验证。

3.城市抗震规划布局要点

(1)疏散通道规划布局要点

①城市内疏散通道的宽度不应小于15m。一般为城市主干道,通向市内疏散场地和郊外旷地,或通向长途交通设施。

②对于100万人口以上的大城市,至少应有两条以上不经过市区的过境公路,其间距应大于20km。

③城市的出入口数量应符合以下要求:中小城市不少于4个。大城市和特大城市不少于8个。与城市出入口相连接的城市主干道两侧应保障建筑一旦倒塌后不阻塞交通。

④计算避震疏散通道的有效宽度时,道路两侧的建筑倒塌后瓦砾废墟影响可通过仿真分析确定:简化计算时,对于救灾主干道两侧建筑倒塌后的废墟的宽度可按建筑高度的2/3计算,其他情况可按1/2~2/3计算。

⑤紧急避震疏散场所内外的避震疏散通道有效宽度不宜低于4m,固定避震疏散场所内外的避震疏散主通道有效宽度不宜低于7m。与城市主入口、中心避震疏散场所、市政府抗震救灾指挥中心相连的救灾主干道不宜低于15m。避震疏散主通道两侧的建筑应能保障疏散通道的安全畅通。

(2)疏散场地规划布局要点

避震疏散场所的规模应符合以下标准:紧急避震疏散场所的用地不宜小于$0.1hm^2$,固定避震疏散场所不宜小于$1hm^2$,中心避震疏散场所不宜小于$50hm^2$。

紧急避震疏散场所的服务半径宜为500m,步行大约10min之内可以到达;固定避震疏散场所的服务半径宜为2~3km,步行大约1h之内可以到达。

避震疏散的场所应建设在适宜用地的范围内。避震疏散场所距次生灾害危险源的距离应满足国家现行重大危险源和防火的有关标准规范要求:四周有次生火灾或爆炸危险源时,应设防火隔离带或防火树林带。避震疏散场所与周围易燃建筑等一般地震次生火灾源之间应设置不小于30m的防火安全带;距易燃易爆工厂仓库、供气厂、储气站等重大次生火灾或爆炸危险源距离应不小于1 000m。避震疏散场所内应划分避难区块,区块之间应设防火安全带。避震疏散场所应设防火设施、防火器材、消防通道、安全通道。

4. 城市人防系统规划布局要点

人防工程设施在布局时总体上有以下要求。
(1)避开易遭到袭击的重要军事目标,如军事基地、机场、码头等。
(2)避开易燃易爆品生产储运单位和设施,控制距离应大于50m。
(3)避开有害液体和有毒重气体储罐,距离应大于100m。
(4)人员掩蔽所距人员工作生活地点不宜大于200m。

另外,人防工程布局时要注意面上分散、点上集中,应有重点地组成集团或群体,便于开发利用,便于连通,单建式与附建式结合,地上地下统一安排,注意人防工程经济效益的充分发挥。

5. 城市救灾生命线规划布局要点

为维护城市战时功能的运转,城市的生命线系统设施应有必要的防护能力,至少在遭到空袭后能够迅速修复并很快恢复供应能力。为此,城市的防空体系中,应包含城市的生命线系统,一般除保证各种供给管线(如给水、供电、通信、燃气等)有必要的防护能力外,对于各种供给源(如水源、发电站、通信枢纽等)也要有在战时能正常运转的独立的供应系统,这些设施的规模应以城市的防空需求为基础,其规划布局通常结合城市建设与城市发展的需要统一规划、统一建设。理论研究和国内外城市建设的实践都证明,共同作为一种现代化、集约化的管线建设方式,不但在平时可以减少道路的开挖,提高城市的交通效率,而且在战时可以提高城市的抗空袭能力,同时对于地震等其他灾害的防御也有非常有效的防护能力。

战时城市的交通运输由人防疏散干道和人防干道来承担。人防疏散干道主要承担战前城市人口的疏散和战时各种专业队的抢险救援,规划布局通常与城市的主干道相结合,被确定为战时人防疏散干道的城市主干道,其沿街建筑物的高度不应超过 L/2(L 为路幅,单位 m);人防干道连接城市中各主要的人员掩蔽设施以及城市其他的防空设施,是城市防空有机体系中的主动脉,为使其在城市平时的建设与发展过程中发挥巨大的作用,一般与城市的快捷轨道交通线结合建设。

第五节 城市供电与供热规划分析

为了满足城市工业生产、建筑、交通等部门的功能需求,需要经过城市内的输配、转换外部输入油、气、煤、电以及可再生能源。本节主要分析城市供电与供热规划。

一、城市供电规划

(一)城市供电工程系统构成

城市供电工程系统由城市电源工程、输配电网络工程组成。

1. 城市电源工程

主要有城市电厂、区域变电所(站)等电源设施。城市电厂是专为本城市服务的,包括火力发电厂、水力发电厂(站)、核能发电厂(站)、风力发电厂、地热发电厂等电厂。区域变电所(站)是区域电网上供给城市电源所接入的变电所(站)。区域变电所(站)通常是大于等于 110kV 电压的高压变电所(站)或超高压变电所(站)。城市电源工程具有自身发电或从区域电网上获取电源,为城市提供电源的功能。

2. 城市输配电网络工程

城市输配电网络工程由城市输送电网与配电网组成。

(1) 城市输送电网

城市输送电网含有城市变电所(站)和从城市电厂、区域变电所(站)接入的输送电线路等设施。城市变电所通常为大于10kV电压的变电所。城市输送电线路以架空线为主,重点地段等用直埋电缆、管道电缆等敷设形式。输送电网具有将城市电源输入城区,并将电源变压进入城市配电网的功能。

(2) 城市配电网

城市配电网由高压、低压配电网等组成。高压配电网电压等级为1~10kV,含有变配电所(站)、开关站、1~10kV高压配电线路。高压配电网具有为低压配电网变、配电源,以及直接为高压电用户送电等功能。高压配电线路通常采用直埋电缆、管道电缆等敷设方式。低压配电网电压等级为220V~10kV,含低压配电所、开关站、低压电力线路等设施,具有直接为用户供电的功能。

(二) 城市供电电源规划要点

1. 火电厂布局要点

(1) 在保证城市环境质量不受大的影响的前提下,城市火电厂尽量靠近负荷中心,特别是靠近用电大户较多的工业区,以缩短电力线供电距离,减少高压走廊用地。

(2) 燃煤电厂的燃料消耗量很大,大型电厂每天约耗煤在万吨以上,因此,作为区域性电源的大型电厂,应尽量设置在靠近煤源的地方,这样可以减少运输成本,也能缓解铁路运输的压力。同时,厂区的用地面积随着电厂贮煤量的减少有了相应的减少,因此,可以在有着丰富劣质煤源的矿区建立坑口电站,这是一种较为经济的形式,因为这不仅降低了运输燃料的成本,而且节约了土地。燃油电厂通常设置在炼油厂附近,当炼油厂的油量不足以支持燃油厂的时候,会采用水路或者公路的方式运输油。

(3)火电厂铁路在选线的时候,应始终坚持不影响国家干线通过能力,同时还要尽可能维持国家正线原貌,尽量不切割。此外,为了减少机车摘钩作业,最好以重车顺向作为接轨方向的顺向。火电厂专用线不要设计过多的厂内股道,将线路的长度尽量控制、缩减,使厂内作业系统简洁、易操作。

(4)火电厂在生产的时候需要消耗大量的水,这其中包括发电机的冷却用水、汽轮机凝汽用水、除灰用水等。因此,若是火电厂比较大型,其厂址应选择靠近水源的地方,便于直流供水。但有一个问题需要注意,若是取水高度超过20m,那么此时就不再适宜直流供水,因为不经济。

(5)燃煤发电厂应有足够的贮灰场,贮灰场的容量要能容纳电厂10年的贮灰量。分期建设的灰场的首期容量一般要能容纳3年的贮灰量。厂址选择时,同时要考虑灰渣综合利用场地,并应邻近灰渣利用的企业(如制砖厂等)。在计算灰场能容纳的灰渣量时,灰渣体积一般采用$1t/m^2$。

(6)火电厂厂址选择应充分考虑出线条件,留有适当宽度的出线走廊。高压线路下不能有任何建筑物。

(7)火电厂运行中有飞灰和硫酸气,厂址选择时要有一定的防护距离。

2. 水电厂(站)布局要点

(1)水电厂(站)一般选择在便于拦河筑坝的河流狭窄处,或水库水流下游处。

(2)建厂地段须工程地质条件良好,地耐力高,非地质断裂带。

(3)水电厂(站)选址时,应充分考虑其对站址周边生态环境和景观的影响,进行相应的影响评估。

(4)有较好的交通运输条件。

3.核电厂布局要点

(1)靠近负荷中心:核电厂作为区域性电厂,在燃料使用方面可以说是比较小的,相应地运输量也就比较小,所以核电厂的选址对发电成本几乎没有什么影响。其反而应该考虑将电厂设置在离区域负荷较近的地方,这样不但能减少输电费,还能使电力系统的稳定性和可靠性得以提高。

(2)厂址要求在人口密度较低的地方。以电站为中心,周边100m内为隔离区,在隔离区外围,人口密度也要适当。在外围种植作物也要有所选择,不能在其周围建设化工厂、炼油厂、自来水厂、医院和学校等。

(3)用水量大:由于核电厂不像烧矿物燃料电站那样可以从烟囱释放部分热量,所以核电厂比同等容量的矿物燃料电厂需要更多的冷却水。

(4)用地面积:电厂用地面积主要决定于电站的类型、容量及所需的隔离区。一个60万kW机组组成的电厂占地面积大约为40hm^2,由四个60万kW机组组成的电站占地面积为100~120hm^2。

(5)地形要求平坦,尽量减少土石方工程。

(6)核电厂场址应选在地质稳定的地方,避免断口、断层等,以防地震对电厂地基造成冲击。

(7)要求有良好的公路、铁路或水上交通条件,以便运输核电厂设备和建筑材料。

(8)核电厂在选址建设的时候还应将防御、防洪、环境保护等纳入考虑范围之内。

4.变电所(站)布局要点

(1)变电所(站)应接近负荷中心或网络电源。

(2)变电所(站)便于各级电压线路的引入和引出,架空线走廊与所(站)址同时决定。

(3)变电所(站)建设地点工程地质条件良好,地耐力较高,地质构造稳定。避开断层、滑坡、塌陷区、溶洞地带等。避开易发生滚石的场所,如所址选在有矿藏的地区,应征得有关部门同意。

(4)所址地势高而平坦,不宜设于低洼地段,以免洪水淹没或涝渍影响,山区变电所的防洪设施应满足泄洪要求。110～500kV变电所的所址标高宜在百年一遇的高水位之上,35kV变电所的所址标高宜在50年一遇的高水位之上。

(5)交通运输方便,适当考虑职工生活上的方便。

(6)所址尽量不设在空气污秽地区,否则应采取防污措施或设在污染的上风侧。

(7)具有生产和生活用水的可靠水源。

(8)不占或少占农用。

(9)应考虑对邻近设施的影响,尤其注意对广播、电视、公用通信设施的电磁干扰。

二、城市供热规划

(一)城市集中供热系统构成与功能

城市集中供热工程系统由供热热源工程和供热管网工程组成。

1. 集中供热热源工程

包含城市热电厂(站)、区域锅炉房等设施。城市热电厂(站)是以城市供热为主要功能的火力发电厂(站),供给高压蒸汽、采暖热水等。区域锅炉房是城市地区性集中供热的锅炉房,主要用于城市采暖,或提供近距离的高压蒸汽。

2. 集中供热管网工程

包括热力泵站、热力调压站和不同压力等级的蒸汽管道、热水管道等设施。热力泵站主要用于远距离输送蒸汽和热水。热力调压站用于调节蒸汽管道的压力。

(二)城市供热热源工程规划

1. 热电厂布局要求

(1)热电厂的厂址应符合城市总体规划的要求,并应征得规划部门和电力、环保、水利和消防部门的同意。

(2)热电厂应尽量靠近用热规模大的热用户。

(3)热电厂要有方便的水陆交通条件。大中型燃煤热电厂每年要消耗几十万吨或更多煤炭,为了保证燃料供应,铁路专用线是必不可少的,但应尽量缩短铁路专用线的长度。

(4)热电厂要有良好的供水条件。对于抽气式热电厂来说,供水条件对厂址选择往往有决定性影响。

(5)热电厂要有妥善解决排灰的条件。

(6)热电厂要有方便的出线条件。大型热电厂一般都有十几回输电线路和多条大口径的供热干管引出,需留出足够的出线走廊宽度。

(7)热电厂要有一定的防护距离。热电厂运行难免会排放出二氧化硫、飞灰、过氧化氢等有害物质,因此热电厂与人口稠密区应保持一定的距离,这个距离的远近视环保部门的有关要求和规定而定。此外,厂区附近难免有居民居住,即使人口数量不及人口稠密地区,但也应减少对厂区附近居民的伤害,对此可在厂区附近建立卫生防护带,防护带宽度视热电厂有害物质的多少、附近居民离热电厂的距离等因素而定。

(8)热电厂尽量少占或者不占良田,以次地、荒地、低产地为首要选择。

(9)热电厂的厂址应避开地质不佳的地段,如泥石流、滑坡、塌方、断裂等地段。

2. 锅炉房布局要求

热电厂作为集中供热系统热源时,投资较大,对城市环境影响也较大,对水源、运输条件和用地条件要求高,相比之下,锅炉房作为热源显得较为灵活,适用面较广。

区域锅炉房位置的选择应根据以下要求分析确定。

(1)便于燃料贮运和灰渣排除,并宜使人流和煤、灰车流分开。

(2)有利于减少烟尘和有害气体对居住区和主要环境保护区的影响。全年运行的锅炉房宜位于居住区和主要环境保护区的全年最小频率风向的上风侧;季节性运行的锅炉房宜位于该季节盛行风向的下风侧。

(3)蒸汽锅炉房布局时要位于供热区地势相对较低的地区,以有利于凝结水的回收。

(三)城市供热管网布局要点

根据热源与管网之间的关系,热网可分为区域式和统一式两类。区域式网络仅与一个热源相连,并只服务于此热源所及的区域。统一式网络与所有热源相连,可从任一热源得到供应,网络也允许所有热源共同工作。相比之下,统一式热网的可靠性较高,但系统较复杂。

根据输送介质的不同,热网可分为蒸汽管网和热水管网。蒸汽管网中的热介质为蒸汽,热水管网中的热介质为热水。一般情况下,从热源到热力站(或冷暖站)的管网更多采用蒸汽管网,而在热力站向民用建筑供暖的管网中,更多采用的是热水管网。

按平面布置类型分,供热管网可分为枝状管网和环状管网两种。枝状管网结构简单,运行管理较方便,造价也较低,但其可靠

▲ 低碳时代的城市规划与管理探究

性较低。环状管网的可靠性较高,但系统复杂,造价高,不易管理。在合理设计、妥善安装和正确操作维修的前提下,供热管网一般采用枝状布置方式。

第七章　低碳时代城市更新改建规划探究

随着世界城市化进程的加速,城市更新被看作城市自我调节机制存在于城市发展中,是一项涉及城市社会、经济与物质环境等诸多方面的复杂系统工程,对城市可持续发展、城市社会的和谐发展以及城市环境质量的提高具有一定的重要作用。在低碳时代,进行城市更新改建也需要遵循环保、科学的理念进行设计规划,以推动城市建设的可持续化、健康化发展。

第一节　城市更新改建的内涵

一、城市更新改建的概念

城市更新改建是对城市中某一衰落的区域进行拆迁、改造、投资和建设,使之重新发展和繁荣。最初,城市更新改建被简单地理解为大规模简单地推倒重建和清理贫民窟。这种做法破坏了城市原有的结构和特点,也产生了新的城市问题。人们在认真审视城市更新的经验和教训后,认识到城市的更新主要在于通过一些合理手段的运用防止、推迟城市的衰退速度,通过对城市内部结构及其功能特点的调整与协调不断增加城市机能,使城市能够满足人们日益发生的物质和精神需要,能适应社会变迁的发展需求,进而建立一种动态的平衡。换句话说,城市更新的目的不仅在于促进城市经济的发展和物质水平的提高,而且在于促进城市经济、文化、社会等各方面的协调与均衡发展,使城市得到协调、快速、长远的可持续发展[①]。

这一认知的转变实际上体现的是"以人为本"理念在现代城市规划与建设中的应用,即城市更新改建的最终目标是满足人的需要,更新后的城市必须能够体现人文关怀,维系而不是铲除社区交流的纽带和平台,引导而不是阻碍社区的发展和自我更新。在内容上,城市更新改建一般包括两方面的内容:一方面是客观存在实体的改造,如对建筑物等硬件的改造,对居住环境和居住条件的整治,改善与提高城市社会、经济与自然环境条件等;另一方面是对空间环境、文化环境、视觉环境、游憩环境等的改造与延续,包括邻里的社会网络结构、心理定式、情感依恋等软件的延续与更新[②]。

需要注意的是,在城市更新改建规划的整个过程中特别要注意处理好局部与整体的关系、地上与地下的关系、单方效益与综合效益的关系以及近期更新与远景发展的关系,区别轻重缓急,分期逐步实施,保证城市更新改建的顺利进行和健康发展。与此同时,城市更新改建政策的制定也应在充分考虑旧城区的原有城市空间结构和原有社会网络及其衰退根源的基础上,针对各地段的个性特点,因地制宜,因势利导,运用多种途径和手段进行综合治理、再开发和更新改造。

二、城市更新改建的相关问题

(一)城市更新中的土地利用问题[③]

过去的城市更新往往在新的土地上进行建设,盲目扩大城市用地不仅造成土地的极大浪费,而且由于土地使用没有得到科学

[①] 赵毅,刘晖,沈政.城市更新由无序走向有序的过程——以浙江诸暨市老城区城市更新实践为例[J].华中建筑,2006(12).
[②] 张茜茜.中国城市更新的迷茫与出路——专访东中西部区域发展和改革研究院执行院长于今[J].中国不动产,2006(6).
[③] 陈莹,张安录.城市更新过程中的土地集约利用研究——以武汉市为例[J].农业经济,2005(4).

第七章 低碳时代城市更新改建规划探究

合理的规划带来了一系列的交通、环境等问题。在城市更新过程中的土地利用问题,应该注意以下问题。

(1)旧城的更新改造过程应避免操之过急,而应谨慎处理,渐进式的改造工程较为适应。这是因为,在旧城区若开展大规模的拆迁工作,很容易导致拆迁居民的安置出现问题,再加上拆迁重建工作需要一个过程,在此过程中,大量土地被闲置,不仅浪费了巨大的物力和财力,也容易导致旧城居民原有的社会网络结构被割裂,产生一些新的问题。

(2)在城市更新改建的过程中,常常涉及土地问题,根据已有经验显示,开展城市土地置换工程能有效地优化城市空间结构,充分利用城市中的每一寸土地。具体来看,城市土地置换工程涉及一些经济手段,如通过地租、税收等方式,使地租支付能力较高的行业分布在城市中心区,而支付能力不足的行业分布在城郊,这样一来,闲置的城郊土地便能得到有效利用和再次开发,从而在有效利用每一寸城市土地的基础上,有助于克服城市化发展的盲目扩张。

(二)城市更新中的利益分配问题[①]

城市更新实际上是经济利益的再分配。目前,旧城区被改造的土地在用途转换过程中,具有土地控制权的政府和开发商进行交易后,所有的这些增值收益都归属于开发商,动迁居民对此却得不到应有的利益补偿。因此,要改变目前利益分配失衡的局面,必须考虑以下几个方面。

(1)转变和调整政府职能,使明确自己的权力边界,专注于公共产品和服务的提供,在确保市场交易安全和秩序的前提下,针对市场自身运行中不可避免的失衡现象进行规制,最终促成资源的合理有效分配。

(2)经济利益分配机制重构的保障是完善的财税制度,应构

[①] 朱洪波.城市更新:均衡与非均衡——对城市更新中利益平衡逻辑的分析[J].兰州学刊,2006(10).

建对不同利益主体的约束与激动、补偿和保护机制。

(3)经济利益分配机制重构的条件是完善有效的城市规划，以保障城市改造区与城市其他地区的用途密切相关，因为城市改造区的用途对城市其他地方有着直接影响。

(三)城市更新中的公众参与问题

英国启蒙思想家洛克曾提出，国家权力来源于社会中每个人的权利，公民们将自己手中的权利通过社会契约转让给国家，最终形成了一个权力合体，即国家权力。也因为这一点，权力只有为公民的福利行使才是正当合理的。城市更新中也涉及权力问题，即公民的参与权利。城市更新是城市发展的重要一环，其根本目的在于为全体城市公民提供更好的工作与生活环境，因此公民本应也参与到城市更新的过程中，发表自己的意见。然而从实践显示，普通城市公民在城市更新的过程中常常被置于边缘化的位置，政府也没有留给城市居民充分表达自己意见的渠道。在这样的情况下，参与城市更新的重要主体(政府中的一些部门)很容易与某个利益主体的利益直接联系起来。这种迹象在中国已经日益严重化[1]。

目前中国在城市规划更新方面的公众参与还处于初级阶段，刚刚起步。公众的参与范围有限，对方案也仅有参议权，没有决策权。市民对城市规划不了解、不熟悉，可以提出的问题和见解也较少。很多人由于不熟悉而对公众参与表现出漠不关心的态度。作为表达民意、平衡各方利益的良好方式，我们还应对公众参与做更广更深的推动。

第二节 我国城市更新存在问题与解决措施分析

我国的城市发展尚处于城市化的初步发展阶段，其间由于社

---

[1] 尹娜.关于城市规划中公众参与的思考[J].理论导刊,2005(7).

会转型、市场经济发展等因素的影响,城市更新中存在诸多问题,这些问题的出现大大影响了我国的城市化建设,需要采取合理措施予以解决。

一、我国城市更新中存在的问题

与西方发达国家相比,中国的城市更新有着自身的复杂性和特殊性。从其发展上来看,在中华人民共和国成立后到20世纪70年代,为了摆脱旧中国遗留的贫困落后的局面,中国一直以生产性建设为主,没有能力进行大面积的城市兴建工作,只能"充分利用,逐步改造"原有城市进行,直到20世纪七八十年代,国家开始进行城市新区建设,而对旧城居民区主要实行"填空补实"的政策,很少对其进行改造。在这样的情况下,旧城内新建了很多街道工厂,一定程度上增加了旧城的建筑密度,同时也恶化了旧城的居住环境,为以后旧城的改造工作埋下许多隐患。20世纪90年代以后,随着改革开放的不断拓展以及经济建设的快速发展,我国的城市更新速度迅速加快。之前的旧城由于年代较为久远,人口密集、市政基础设施较少,已经不再适应人们的生活需求,再加上土地有偿使用和住房商品化的发展,国家在城市建设上逐渐规范化、科学化,新区建设迅速发展,旧城改造工作也在稳步进行,使得城市空间职能结构、居住环境等问题得到了一些改善,但也产生了很多问题,比如城市中心开发过度、社区失去多样性等。近年来,随着我国城市化进程的加快,以及市场经济和政府管理体制的日益成熟,城市更新思路和方式方面做了大量建设性的探索,运用一定的市场经济手段经营城市,优化提升城市的社会、经济、文化环境,在城市新陈代谢中逐步实现综合竞争力的增强[1]。在取得这些成绩的同时,我们也应意识到,我国的城市更新中存在以下几方面的问题。

---

[1] 张茜茜.中国城市更新的迷茫与出路——专访东中西部区域发展和改革研究院执行院长于今[J].中国不动产,2006(6).

（一）对城市更新内涵理解片面，城市更新手段单一

城市更新是城市在发展过程中的一种自我调节和完善的功能。在城市的发展中，城市更新不仅应包括城市建筑、道路交通等物质要素的更新，还应包括社会、经济功能等非物质要素的更新，在更新手段上则可以采用维护、修复、拆建等多种方式，还可以将其综合在一起。然而在当前的城市更新进程中我们可以发现，很多地方都简单地将城市更新理解为拆旧建新，在这种思想的引导下，城市更新大多是单一的拆建，而缺乏相应的维护、修复等手段，再加上这种思想本身就带有一定的功利性，很容易导致施工方大赶工期，在建设上粗制滥造，为日后的城市建设埋下隐患。

（二）开发超强度带来居住环境恶化

城市更新实际上隐含着城市在开发的意义，在市场经济中，城市再开发通常被理解为通过城市建筑土地等的出售、租赁等获取超过土地征用、建筑清除成本的方式。也因为这一动机，目前我国的城市开发多为超强度开发，即城市开发主要通过房地产企业出售商品房来带动城市建设。这一发展模式必然导致房地产企业在城市拆建的过程中，为了追求较高的经济效益，常常以城市的整体社会效益和环境质量为代价，进行高强度的建筑开发，导致城市内建筑密度不断增大，城市整体环境质量迅速下降，这几年接连发生的城市"光污染""侵犯阳光权"就是一个典型的例证。

（三）城市旧城区基础设施建设滞后

虽然近年来我国的旧城区改造已经全面展开，全国各大城市均在一定范围内对旧城区进行了更新与改建。但旧城区改造毕竟是一个大工程，需要一定的时间才能全面完成，因此当前旧城区仍然存在基础设施建设滞后的问题。具体来看，旧城区一般使

用时间较长，基础设施大都存在一定程度的损坏、破旧现象，而开发商出于经济利益的影响，在这些区域的开发建设更倾向于开发建设办公和商业建筑物，因为这些建筑物能为他们带来大量利润。而基础设施所带来的收益回报较低，政府部门用于旧城区基础设施的资金又十分有限，从而导致旧城区的基础设施存在不同程度的缺乏问题。此外，房地产开发商为了获得高额利润，在旧城区的改造中会不遗余力地提高开发强度，从而给城市的基础设施建设带来巨大压力，导致旧城区基础设施不足的问题愈加突出。

（四）城市历史文化风貌和景观特色严重丧失

我国是一个有着悠久历史的国家，许多城市都有着千年的传承，如古都西安、南京、洛阳、开封、北京、杭州等，它们在不同的历史时期有过不同的璀璨文化，这些独特的文化也为这些城市塑造了独特的景观特色。然而在城市开发与建设的过程中，很多更新活动都缺乏对历史文脉的尊重，缺乏对城市历史文化内涵的理解和深入研究，而一味讲求发展速度，致使大量具有历史文化风貌的建筑、景观被破坏甚至被毁灭，而新建的建筑、景观又与其他城市类似，造成"千城一面"的问题，这不能不说是我国城市建设的一大遗憾。

（五）居民搬迁不当带来的社区解体

进入新时期以后，伴随着我国改革开放的不断深入，以及社会经济体制、国家管理体制的不断完善，我国的城市结构发生了巨大的变化，这也必然导致城市物质形态结构和社会形态结构的变化。具体来看，由于居民的搬迁，旧城中的建筑被拆除并重新规划建设，伴随着物质建设的推进，旧城必然在外貌上发生变化。与此同时，旧城的拆迁也会导致原来的居民发生变化，这是因为一方面旧城搬迁往往伴随着居民外迁的活动，居民搬入新的居住区，与旧居住区的情感联系被隔断；另一方面旧城往往在靠近市

▲ 低碳时代的城市规划与管理探究

中心的位置,这些优越的地理位置很多都被改造成高档办公区和商业用地,由于价格昂贵,原来的社区居民难以承担,从而被迫搬迁到城市的郊区,原来的居住文化圈也随之被冲破,大量社区解体。而新的居住文化环境和文化氛围又很难在短时间内建立起来,由此导致了旧城更新改造过程中社区文化的心理失衡。此外,居民搬迁后也会面对就业难、上学难、购物难、上下班路程远等一系列问题,导致旧城区居民从原来的"盼拆迁"转变为"怕改造",不利于社会的和谐与稳定。

二、解决我国城市更新问题的措施

(一)树立全面系统的城市更新理念

综合来看,我国城市更新问题产生的一个根本原因,就是对城市更新内涵的理解不到位,为了要想解决城市更新的问题,必须树立全面系统的城市更新理念,深入理解城市更新的基本内涵。只有这样,才有助于人们从根本上把握城市更新,进而改变原来的简单地将城市更新理解为一种本地化、常规化的城市开发与建设的活动,而将其视为一种城市形象塑造和城市经营的手段,不断提高城市物质和非物质环境的更新与优化。

此外,城市更新也应考虑对城市历史文化的传承与发展,对此清华大学的吴良镛教授提出了城市"有机更新"的思路。根据吴教授的观点,"'有机更新'即采用适当规模、合适尺度、依据改造的内容与要求,妥善处理目前与将来的关系。"[1]"有机更新"的核心思想是主张按照历史城区内在的发展规律,顺应城市肌理,在保护历史城区整体环境和文化遗存的前提下,满足当代居民的生活需求而进行必要的调整与改变[2]。

---

[1] 吴良镛.北京旧城与菊儿胡同[M].北京:中国建筑工业出版社,1994:68.
[2] 单霁翔.城市化发展与文化遗产保护[M].天津:天津大学出版社,2006:127.

（二）完善城市更新改造规划编制体系

城市更新的科学实施离不开城市更新规划的编制，合理的城市更新规划编制有助于城市更新活动的科学有序。我国城市更新中存在的一些问题，很重要的原因就是在更新建设前没有进行科学论证与分析，也没有编制科学合理的规划体系，为此，我们认为，要解决城市更新中存在的问题，就需要不断完善城市更新改造规划编制体系。也就是说，城市更新规划的编制要改变传统的纯物质规划的做法，转而从全面、综合的视角来分析城市更新与改造，赋予城市更新改造的社会、经济、文化等多方面的内涵和要素，探索出适合中国特色社会主义城市发展的更新改造规划。

（三）建立和完善相关法规体系

城市更新改造是一个十分复杂的系统，涉及多方面的利益，为了平衡各方利益，推动城市更新改建工作的顺利进行，就需要建立和完善相关的法规体系，以便为城市更新改造过程中解决各方利益、规范建设工程等奠定基础。具体来看，检核和完善城市更新改造方面的法规可在吸收借鉴国外先进经验的基础上，结合我国的实际情况，建立适合我国国情、符合我国城市规划与建设实际的法律法规体系。而在建立和完善相关法规法律体系后，政府应积极主动地将其落实到具体的改造实践中，不断规范企业行为，对企业的违法行为给予坚决的制止和处罚。

第三节 城市更新改建的规划内容

根据系统控制理论，城市更新改建的规划内容大致可分为城市更新改建的综合评价、更新规划的目标确定和更新模式的选择与确定三个方面。

一、城市更新改建的综合评价

通常情况下,一个城市的更新改建项目往往是建立在城市性质老化或者功能衰退的基础上,如人口密度过大、公共设施不足、建筑老化等。而城市更新与改建的目的,主要是消除这些不利因素,提高城区人们的生活质量,促进城市的发展。而任何一项更新计划在提出之前,都需要对旧城的现状进行综合评价,以确定旧城区老化和衰退的程度,制定相应的更新改建措施。

影响城市更新的因素很多,如国家的宏观调控与政策导向,以及经济实力;更新区域的物质结构形态和社会结构形态,如更新区域的建筑现状、公共基础设施情况、土地使用情况、道路交通情况,以及人文景观、居民收入、历史文化情况等。这些内容大致可以分为实质环境的评价和社会环境的评价两类,其具体指标如图 7-1、图 7-2 所示。

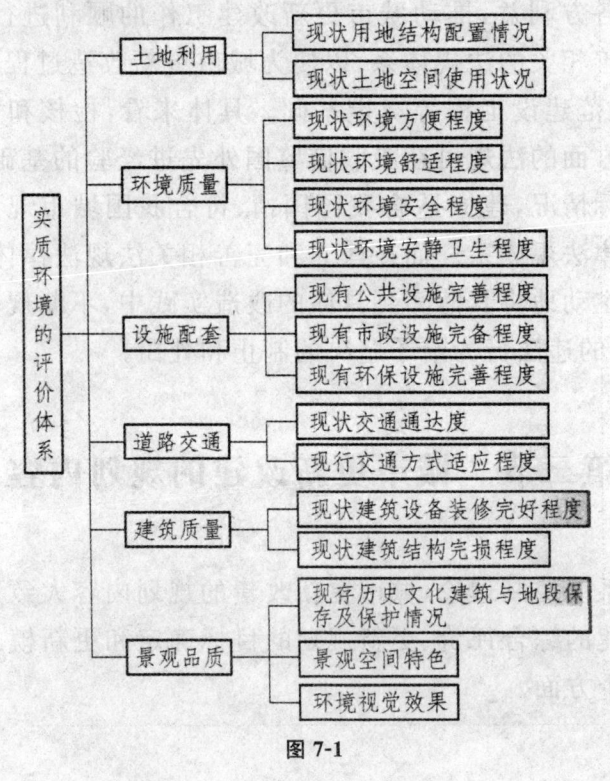

实质环境的评价体系
- 土地利用
  - 现状用地结构配置情况
  - 现状土地空间使用状况
- 环境质量
  - 现状环境方便程度
  - 现状环境舒适程度
  - 现状环境安全程度
  - 现状环境安静卫生程度
- 设施配套
  - 现有公共设施完善程度
  - 现有市政设施完备程度
  - 现有环保设施完善程度
- 道路交通
  - 现状交通通达度
  - 现行交通方式适应程度
- 建筑质量
  - 现状建筑设备装修完好程度
  - 现状建筑结构完损程度
- 景观品质
  - 现存历史文化建筑与地段保存及保护情况
  - 景观空间特色
  - 环境视觉效果

图 7-1

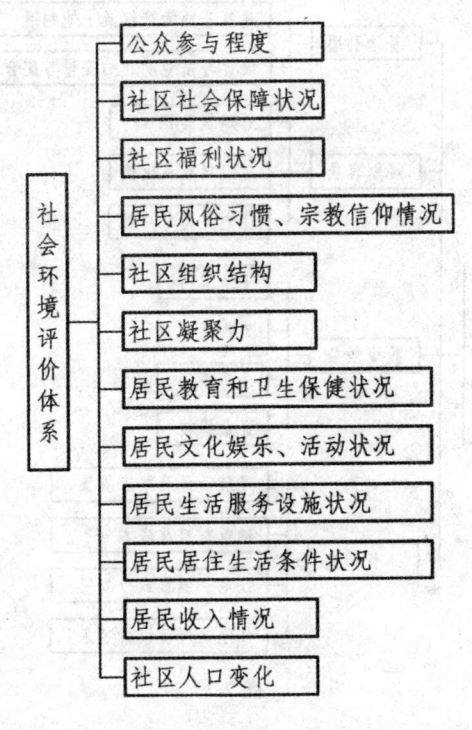

第七章 低碳时代城市更新改建规划探究

社会环境评价体系
- 公众参与程度
- 社区社会保障状况
- 社区福利状况
- 居民风俗习惯、宗教信仰情况
- 社区组织结构
- 社区凝聚力
- 居民教育和卫生保健状况
- 居民文化娱乐、活动状况
- 居民生活服务设施状况
- 居民居住生活条件状况
- 居民收入情况
- 社区人口变化

图 7-2

对于不同的社会团体和个人来说，由于所处地位和审视角度的不同，人们对于城市更新的要求和期望也存在一定差距，从而造成了城市更新改建评价因子的多种多样。例如，对于居住者、管理者、施工者以及经营者来说，他们更关心居住环境是否舒适、安全、便利；而对于建设开发者而言，他们更关心更新以后能否产生较好的经济效益。具体来看，对于建设者、管理者、居住者而言，他们的城市更新改建评价因子主要如图 7-3～图 7-5 所示。

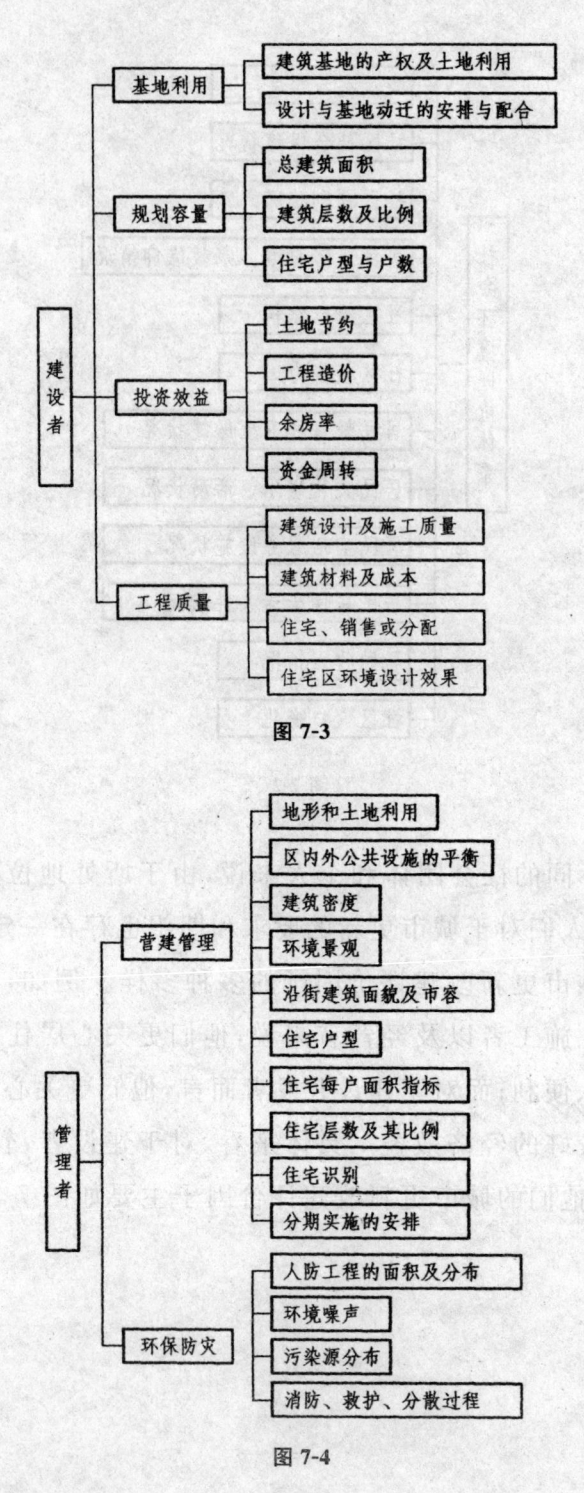

▲ 低碳时代的城市规划与管理探究

```
                ┌─ 基地利用 ─┬─ 建筑基地的产权及土地利用
                │            └─ 设计与基地动迁的安排与配合
                │
                │            ┌─ 总建筑面积
                ├─ 规划容量 ─┼─ 建筑层数及比例
                │            └─ 住宅户型与户数
  建设者 ───────┤
                │            ┌─ 土地节约
                │            ├─ 工程造价
                ├─ 投资效益 ─┼─ 余房率
                │            └─ 资金周转
                │
                │            ┌─ 建筑设计及施工质量
                │            ├─ 建筑材料及成本
                └─ 工程质量 ─┼─ 住宅、销售或分配
                             └─ 住宅区环境设计效果
```

图 7-3

```
                ┌─ 地形和土地利用
                ├─ 区内外公共设施的平衡
                ├─ 建筑密度
    ┌─ 营建管理 ┼─ 环境景观
    │           ├─ 沿街建筑面貌及市容
    │           ├─ 住宅户型
    │           ├─ 住宅每户面积指标
    │           ├─ 住宅层数及其比例
    │           ├─ 住宅识别
管理者           └─ 分期实施的安排
    │
    │           ┌─ 人防工程的面积及分布
    │           ├─ 环境噪声
    └─ 环保防灾 ┼─ 污染源分布
                └─ 消防、救护、分散过程
```

图 7-4

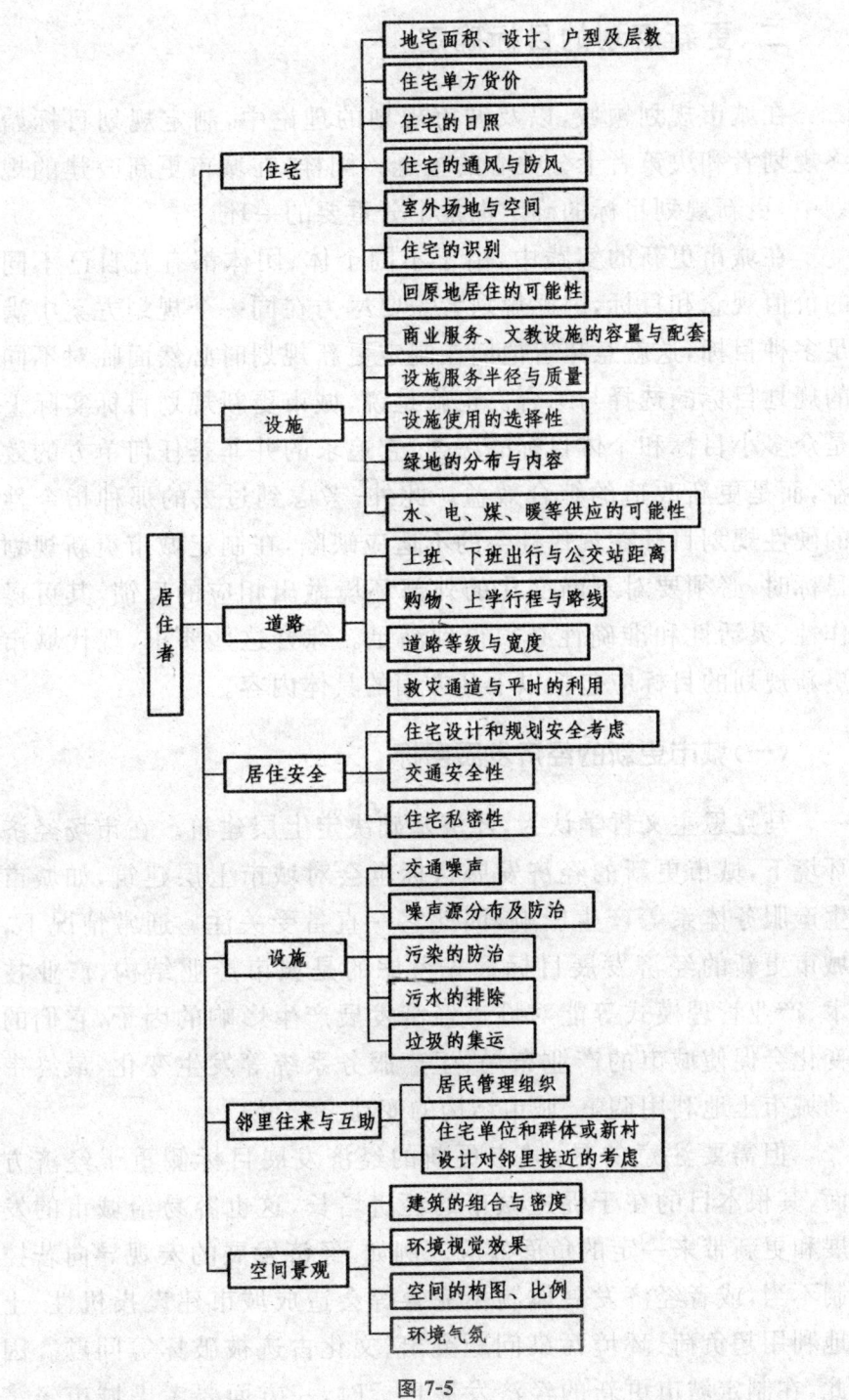

第七章 低碳时代城市更新改建规划探究

```
                    ┌─ 地宅面积、设计、户型及层数
                    ├─ 住宅单方造价
                    ├─ 住宅的日照
            ┌─ 住宅 ┼─ 住宅的通风与防风
            │      ├─ 室外场地与空间
            │      ├─ 住宅的识别
            │      └─ 回原地居住的可能性
            │
            │      ┌─ 商业服务、文教设施的容量与配套
            │      ├─ 设施服务半径与质量
            ├─ 设施 ┼─ 设施使用的选择性
            │      ├─ 绿地的分布与内容
            │      └─ 水、电、煤、暖等供应的可能性
            │
            │      ┌─ 上班、下班出行与公交站距离
            │      ├─ 购物、上学行程与路线
居住者 ─────┼─ 道路 ┼─ 道路等级与宽度
            │      └─ 救灾通道与平时的利用
            │
            │          ┌─ 住宅设计和规划安全考虑
            ├─ 居住安全 ┼─ 交通安全性
            │          └─ 住宅私密性
            │
            │      ┌─ 交通噪声
            │      ├─ 噪声源分布及防治
            ├─ 设施 ┼─ 污染的防治
            │      ├─ 污水的排除
            │      └─ 垃圾的集运
            │
            │                  ┌─ 居民管理组织
            ├─ 邻里往来与互助 ─┤
            │                  └─ 住宅单位和群体或新村
            │                     设计对邻里接近的考虑
            │
            │          ┌─ 建筑的组合与密度
            │          ├─ 环境视觉效果
            └─ 空间景观 ┼─ 空间的构图、比例
                       └─ 环境气氛
```

图 7-5

二、更新规划的目标确定

在城市规划领域,以及城市规划的理论中,制定规划目标始终规划者和决策者十分关心的主题。同样,在城市更新改建的规划中,更新规划目标的确定也是十分重要的一环。

在城市更新的实践中,由于不同个体、团体都有着自己不同的价值观念和目标,因此规划者需要尽力在同一个规划方案中满足多种目标,这就意味着他们在制定更新规划时必然面临对不同的规划目标的选择与综合。也就是说,城市更新规划目标实际上是众多小目标和个体目标的综合,它追求的并非是任何单方的效益,而是更新改造的综合效益。此外,考虑到过去的那种指令性的硬性规划目标在现代社会的不适应缺陷,在制定城市更新规划目标时,必须要对不断变化的外部环境做出相应的反馈,其可操作性、灵活性和准确性必须得到满足。综合这些要求,现代城市更新规划的目标应包括以下几方面的具体内容。

(一)城市更新的经济发展目标

马克思主义哲学认为,经济基础决定上层建筑。在市场经济环境下,城市更新的经济发展目标也会对城市上层建筑,如城市生产服务体系等产生影响,因此它一直备受关注。通常情况下,城市更新的经济发展目标最先考虑的是城市产业结构、产业技术、产业管理模式等能对城市经济发展产生影响的因子,它们的变化会促使城市的产业布局、生产服务系统等发生变化,最终带动城市土地利用调整、城市结构的变动。

但需要注意的是,城市更新的经济发展目标侧重于经济方面,其根本目的在于促进城市的经济增长,这也容易给城市的发展和更新带来一定的负面效应。例如,经济发展的宏观导向若控制不当,或者经济发展体制不完善等会造成城市建设投机性、土地利用超负荷、环境污染问题突出、文化古迹被破坏等问题。因此,在制定城市更新的经济发展目标时,一方面要考虑城市经济

第七章 低碳时代城市更新改建规划探究

发展的目标,另一方面也要考虑城市发展的可持续性,以使城市的经济发展建立在城市的可持续发展基础上。

(二)城市更新的环境持续目标

随着人类环境保护意识的提升,可持续发展的理念已经渗入人类生活的方方面面。尤其是在低碳呼声日渐提高的今天,在城市更新规划的目标上,制定城市更新的环境持续目标势在必行。此外,在城市更新规划目标体系中,经济发展目标侧重于经济效益,很容易带来各类环境污染、资源危机等问题,不利于城市的可持续发展,城市更新的环境持续目标便是针对城市更新的经济发展目标提出的。它主要包括城市大气环境质量、城市河流水质水况、城市噪声环境状况、城市污水处理率、城市垃圾垃无害处理率等内容,强调城市的更新应以环境保护和环境治理为中心,运用先进的环境保护手段和更新管理模式,从环保的角度出发综合考虑产业布局及其结构更新与调整,以实现城市经济发展与环境和谐健康发展。

(三)城市更新的生活舒适目标

城市更新最主要的目标便是为人类创造更加舒适的居住、生活环境,因此,在城市更新的目标体系中也不能缺少生活舒适目标。它强调个体作为城市一分子在城市中的享受,目的在于提高城市更新后的人居环境。一般情况下,城市更新的生活舒适目标主要涉及人均居住面积、人均绿地面积、人均交通状况、人均公共服务设施水平和人均基础设施水平等方面的内容,并且一般与城市土地利用、城市土地开发模式、城市基础设施等方面密切相关。

(四)城市更新的文化保护目标

长期以来,我国的城市更新将关注的焦点主要放在拆建上,在一定程度上忽视了旧城区历史文化的保护,不仅不利于传统文化的保护与传承,而且也不利于社区文化建设。在这种情况下,进行城市更新，必然也要考虑文化保护，因而城市更新的目标体系中也需要包含文化保护目标。这一目标包括尊重城市的历史文化价值，以及居民的现有生活方式，保护旧区的历史文化景观等，它强调通过各种物质、社会手段使文化渗入城市居民心灵。

(五)城市更新的社会发展目标

社会发展目标是城市发展目标的一个重要子系统，在城市更新规划目标中，规划和编制城市更新的社会发展目标，意在维持社会公正与社会安宁，增进社区邻里关系和促进社会文化活动。一般情况下，城市更新中的社会发展目标主要包括提高社会就业率，降低社会犯罪率，改良社会管理模式，完善社区邻里结构和社会网络等方面的内容。

三、更新模式的选择与确定

城市系统极为复杂，其内部结构和组织系统总显示出难以改变的惰性和滞后性，在更新改建规划中必须对更新模式进行选择。一般情况下，我国的城市更新改建主要有旧居住区的整治与更新、中心区的再开发与更新、历史文化区的保护与更新三种类型模式。

(一)旧居住区的整治与更新

一般来说，随着时间的推移，旧居住区的住宅和设施会由于使用年限的增多变得结构破损、腐朽，设施陈旧，有的甚至无法使用。再加上人口稠密，保留着大量的名胜古迹和传统建筑，有千丝万缕的社群网络，因此旧居住区的整治与更新是城市更新改建的一个重要问题。

从社会实践来看，目前对旧居住区的更新改造多侧重于其物质结构形态方面，很少考虑其社会结构形态方面。事实上，旧居住区的社会结构形态也存在更新改造的必要，甚至从某种程度上来说，旧居住区的社会结构形态比物质结构形态改造更为急迫。

考虑到这些问题,我们认为,正确的旧居住区在开展更新改造工程时,除了要从物质结构形态上考虑,去除和整治旧居住区硬件设施中的一些不适应、不利于居民生活部分,完善居民的生活环境之外,还应从社会结构形态考虑,保留原有居住区中的合理的、良性成分,以促进旧居住区社会生活环境的完善。具体来看,旧居住区按其形态形成机制的不同,大致可分为有机构成型、自然衍生型和混合生长型三类,因此,对旧居住区的整治与更新也主要从这三方面入手进行分析。

1. 有机构成型居住区的整治与更新

有机构成型旧居住区一般位于市中心的位置,是当地民俗、历史、文化的重要载体和体现。尤其是其中一些保存较好的、具有一定历史文化价值的旧居甚至可以作为城市的一张文化名片使用。从物质结构形态来说,有机构成型旧居住区一般有一定的物质基础,如建筑、供排水等,但是由于时间的推移和使用年限的增加,这些设施必然会发生一定的损坏,有的甚至难以再使用。而在社会结构形态上,由于长时间的磨合,有机构成型旧居住区居民的整体观念意识较强,常常在价值观、生活观上表现出一定的趋同性。因此,对有机构成型旧居住区进行整治和更新,需要考虑这类居住区的特点,在整体上应采用加强维护并对部分设施进行维修的方法,以防止居住区的进一步枯萎。同时,要根据居住区内设施的情况采用不同的方法进行整治,对那些年代较早且本身是城市文化特色体现的设施,如上海的里弄住宅等,应根据其修整的必要性和可能性,有选择、有重点地进行维护。而对那些没有文化价值,且无法使用的危房区,则应给予拆除重建。同时考虑到本区主要为住宅区,较少混杂其他性质的城市功能,在更新改建这类区域时,应注意保存原有的空间氛围和保存居民的同质性,形成稳定、有机的社会网络。

2. 自然衍生型居住区的整治与更新

自然衍生型旧居住区一般有两种,一种是原来属于城郊或乡村的自然形成聚落,在城市扩建的过程中逐渐被包容进来,成为城市居住区的一部分;另一种是原本位于老城区或在城市总体布局中不是很重要的地区,为外来人口聚集的居住区,如上海等城市的工人棚户区等,后来在强大的社会文化、社会心理影响下,逐渐与城市同化,成为城市的一部分。这两种类型的自然衍生型居住区在物质结构形态上一般存在基础设施和公共服务设施的缺乏的问题,同时由于区域内空间布局、住宅建设均由个人完成,因此用地功能性质混杂也是这类旧居住区的一大问题。在社会结构形态上,自然衍生型旧居住区最初的居民通常是自发地、不约而同地选择同一块土地作为自己的生存地,因此区域内的居民大多有着共同的生活背景、观念意识,但由于居民较杂,容易产生矛盾和摩擦,因此这一区域的居民人际关系也较为复杂。

对自然衍生型旧居住区进行整治和更新不能单单考虑居住品质,仅通过提高居住品质来进行目标定位,而应综合考虑自然衍生型居住区的历史、文化、建筑美学以及旅游观赏等方面的价值,并将其予以综合,对于那些具有较高综合价值的居住区,应在保留恢复的前提下进行全面整治;对于那些没有上述价值的旧平房居住区,则应通过重建方式予以更新改造。同时,考虑自然衍生型旧居住区的人际关系复杂、矛盾突出等问题,可以通过改善居住条件,提高生活品质等手段来不断提高居民的生活素质,改变恶劣的居住条件,减少居民日常生活的摩擦和冲突。

3. 混合生长型居住区的整治与更新

混合生长型居住区是旧居住区中比较复杂的一种类型。在物质结构形态方面,它们常常具有不同功能混杂、新质旧质掺杂的特征,不仅体现在建筑质量、形式、风格、体量等的差异上,而且体现在设施容量小,水平低,质量差,远不能适应现代生活。另外,在用地上,常常是居住、商店、办公、工厂或一些特殊用地混杂,从而使居住生活受到严重的侵扰。在社会结构形态上,混合生长型居住区的居民来源不一,职业水准、文化素养、生活目标也各有差异,因此居住区内居住环境质量差别很大。由于差异悬殊,不同层次的居民很难打破实际的和心理的界限进行交往,或者以次属关系为基础进行人际交往。

进行混合生长型旧居住区的整治与更新,原则上可以采取与自然衍生型旧居住区相类似的更新改造方式。根据区域内建筑设施等的老化程度采取相应的更新改造方式。例如,区域内的建筑和设施出现了一定的早期枯萎,但基本完好,因而只需要加强维护即可;区域内出现大片建筑老化、结构严重破损的问题,则需要进行大面积的拆除重建;区域内的一定区域内存在建筑低劣、结构破损、设施短缺等问题,则需要通过填空补齐进行局部整治,使各项设施逐步配套完善。

需要注意的是,混合生长型旧居住区还存在一个巨大的问题就是社会结构形态复杂且松散,对于这一问题,只有通过推倒重建的办法来重新建构良性的社会网络和人际关系,并在改造的过程中注意创新,有利于交往和公共活动的空间与环境氛围,以便将文化素质和价值观相近的人聚集在一起,提高居住区的凝聚力。

(二)中心区的再开发与更新

中心区是城市最重要的组成部分,在城市化发展、经济与技术水平迅速提高的现代化进程中,中心区的再开发与更新工作也在不断开展。由于地理位置、结构功能等的影响,城市的中心区的建筑不断增加、交通设施持续建设,具备了较好的交通条件和区位优势。因此,对中心区的再开发与更新主要是从城市总体布局调整和拓展,以及城市中心结构调整和完善两方面入手。

1.城市总体布局调整和拓展

伴随着我国市场经济的发展和城市化进程的不断加快,大型化城市在我国越来越常见,这些城市有的甚至成为本区域乃至全国的交通、信息、金融、贸易中心,并逐渐走向世界,成为国际大都市。

上海在一批国际大都市中无疑是令人关注的,这座曾经担负着近代中国经济贸易中心的城市,具有得天独厚的地理区位优势。但同时,上海也是一座老城市,人口密度大,加上城市设施使用时间较长,而基础设施和公用事业落后。针对此,上海在城市发展的过程中,本着最大限度地发挥城市经济集聚效应的原则,从建立国际都市的要求出发,改变了中心城区的原有规模,将其与浦东新区的开发结合起来,较大幅度地增加了上海城市化地域的面积,在此基础上,中心城区用地面积也随之增加,从原规划的 300km^2 扩大到 1 000km^2 左右,这样一来,人均用地面积增加 66m^2 左右。与此同时,上海从区域规划着眼,构建了多心、多层次、多功能、强化经济集聚效益的多心组团式圈层结构,将中心区划分为中央商务区(CBD)、中心商业区、中心城区、专业中心等不同类型,在规整中心区结构功能的同时,最大限度地提高中心区的利用率,为上海市的开发与再建工作奠定了良好基础。

2. 城市中心结构调整和完善

产业结构的变化对社会方方面面都会产生影响,城市也是如此。伴随着我国第三产业的迅速发展,以第三产业为核心的城市中心区自然首当其冲。一方面,受过去城市经济建设过程中"先生产、后生活"思想的影响,城市的流通功能不断萎缩,商业中心区普遍存在功能混乱、布局缺乏系统等问题。另一方面,随着我国经济发展速度和人们物质生活水平的提升,大城市的中心区的功能要求也在不断提高,不仅要求高度集中便于市场经济活动,而且对土地的利用效率要高。在这个统一的发展机制驱动下,许多城市对原中心区的用地结构、布局形态和交通组织等方面进行了全面调整和综合治理。

南京市中心综合改建是综合治理的另一成功实例,其突出之处在于强调对中心区用地结构、布局形态以及交通组织进行全面调整和重新建构,立足于整个城市系统及其各组成要素的调适。

第七章 低碳时代城市更新改建规划探究

在改建以前,南京市中心像许多大城市的旧城中心一样,存在着交通拥挤、基础设施不足、建筑质量陈旧、土地利用率低等问题,严重影响了市中心功能的发挥,南京市政府在综合各方面的因素之后认为,这些问题仅靠小范围调整,采取局部改善措施,难以达到城市改建的预期效果,因此在对市中心的性质、规模和总体布局进行全面分析论证的基础上,提出一系列调整中心区内部组织结构和土地使用系统的综合整治措施,如增辟城中干线,缓解交通矛盾;强调城市特色,创造高质量的市中心环境;调整用地结构,提高市中心土地利用价值等,对南京市中心区进行了科学的再开发。

（三）历史文化区的保护与更新

近年来,随着我国城市化进程的加快,城市更新与改建工作越来越普遍,在此过程中一些具有历史文化价值的区域也被不假思索地推平重建,大大破坏了地方特色和文化传统。因此,在城市更新改建的过程中,对历史文化区进行保护与更新也是十分必要的。对历史文化区的保护与更新需要以城市整体规划为基础上,结合该区域的地理位置、文化特色、功能结构等进行精心的城市设计,最大限度地处理好保护与发展的关系,具体可从以下几方面入手。

1. 开辟新区

随着城市的发展,人口增长,城市规模不断扩大,使得旧城面临巨大的压力,而历史文化区一般都处于旧城区,在这种情况下,必然也承受着巨大的压力,不利于历史文化区的保护。在这种情况下,开辟新区可以减轻旧城压力,逐步拉开城市布局,将新的建设和体现城市现代化的新功能引向城外新区,则在规划布局上就为保护历史文化区创造了有利的先决条件,使保护与发展各得其所。例如,山西平遥在古城保护上便采用了开辟新城的做法,在遵循原城市总体规划的前提下,采取全面整治新区建设的措施来缓解古城的压力,保护古城外部空间环境和生态环境。

2. 对环境景观特色进行保护

城市的环境景观对城市的历史气氛十分重要,因此在进行历史文化区的更新与改建时一定要注意对环境景观特色进行保护。桂林中心区详细规划就是一个运用城市设计控制方法来保护和创造城市特色的成功例子。桂林中心区是桂林自然山水景观荟萃之处,是参观游览的主要地区和必经之地,又是桂林古城所在地,文物古迹集中。同时,作为城市的核心地区,目前它又集中了众多的商业服务、文化娱乐、教育卫生、行政居住等设施,承担着重要的城市中心区功能。因此,桂林市在编制详细规划时,通过对城市历史、景观及功能结构的全面分析研究,确定中心区城市建设总导向,相应定出以保护山景、水景、传统街区、历史文物为目的的建筑严格控制区,以及需要重点进行城市设计的地段和城市建设中应重点保护的视线走廊。在上述工作基础上,根据各地段不同情况特点,对不同地区的建筑高度、体量、密度、形式、色彩等做出相应的规定,分别制定了控制导向图,从而使城市整体建筑效果已基本得到控制,保证了与自然山水景观的协调。

3. 将古城保护与旅游资源开发相结合

将古城保护与旅游资源开发相结合,是有效处理古城保护与发展的一个重要举措。在城市建设与发展的过程中,人们长期片面地将保护古城视作城市现代化发展的阻力,实际上,古城的历史文化风貌和独特的景观特色也是一种重要的资源,具有很高的市场价值,将其与旅游资源开发结合起来,有助于在深入探索古城经济价值,促进城市经济发展的同时,为做好古城资源的保护,从而将城市发展与资源保护结合在一起。南京夫子庙便是这一方面的重要尝试。在古代,夫子庙地区是"十里秦淮"的核心,不仅是王、谢等大族的聚居地,而且是科举考生、文人雅士旅居游览之地,还是书肆店铺、旅社酒楼、画舫杂耍等的聚居地,具有独特的历史文化价值。南京市政府在对该区域的开发与建设中，按照南京市总体规划的要求，本着保持古都特色的原则，对夫子庙进行了全面的修复和建设，成坊成片地再现该地区的历史风貌，将其恢复为南京民俗旅游和商业中心。在南京市政府的努力下，当下的夫子庙地区成为南京市旅游胜地之一，每年吸引着无数游客到访，极大地促进了当地旅游事业和经济的发展。它所产生的高回报率吸引了众多的商业开发者，从而进一步推动了该区域的经济建设。

第八章　低碳时代生态型城市规划探究

当今社会,经济规模的不断增长,尤其是大规模工业化过程和不断蔓延的高耗能生活方式,导致大气中的二氧化碳浓度不断升高,这直接影响到全球气候变化,给人类和生态系统带来了巨大的系统性灾难,给世界各国造成了巨大的经济损失,其中抗灾能力较弱的发展中国家受灾最为严重。因此,人类开始对限制碳排放予以高度的关注。低碳时代的生态型城市建设成为未来新型城市发展的基本指导思想,也是我国的发展目标。本章主要从理论基础、资源承载力评估、空间安全格局以及改造分级关键技术等方面探究低碳时代的生态型城市规划。

第一节　生态城市的理论基础

一、生态城市概述

生态城市发展模式是当前规划建设管理工作人员关注的热点,而"生态"是与核心内涵密切相关的理念,它是以可持续发展理念推动的城市发展模式。

生态城市也称生态城,是一种趋向尽可能降低对于能源、水或是食物等必需品的需求量,也尽可能降低废热、二氧化碳、甲烷与废水的排放的城市。这一概念是在20世纪70年代联合国教科文组织发起的"人与生物圈(MAB)"计划研究过程中提出的,一经出现,立刻就受到全球的广泛关注。

"生态城市"最直白的含义是"像自然生态一样"的城市,这一

第八章 低碳时代生态型城市规划探究

概念以反对环境污染、追求优美的自然环境为起点。但是随着研究的深入和社会的发展,"生态城市"概念的外延不断扩大,其含义也越来越广泛,因此到目前为止还没有一个获得公认的"生态城市"的确切定义,围绕这一概念本身也仍然有许多争议。众多学者从不同的角度理解和定义"生态城市"的含义,包括三类:"一类是从环境保护、城市绿化的角度理解生态城市;一类是从生态系统和生态学的角度理解生态城市;另一类是从目标设定和特征表达的角度理解生态城市。"[①]

由于生态城市研究不仅仅是物质空间环境的塑造,还涉及社会、经济、文化等多个层面的要素。而且即便是物质空间环境本身,也会因为气候、地理、时间等的变化以及生活方式的不同而产生巨大的差异。因此,要为"生态(的)城市"寻找一个准确的、放之四海而皆准的定义十分艰难,同时也不存在"统一标准、统一定义"的必要性。

不过,从生态系统和生态学的角度来理解,可将生态城市分为广义的生态城市和狭义的生态城市。从广义上讲,生态城市是有效地利用环境资源实现可持续发展的新的生产和生活方式。狭义的生态城市则是按照生态学原理进行城市设计,建立高效、和谐、健康、可持续发展的人类聚居环境,如图 8-1 所示。

图 8-1

[①] 蔡志昶. 生态城市整体规划与设计[M]. 南京:东南大学出版社,2014:39.

从城市发展角度看,绿色生态发展建设就是在城市空间中,实施生态生产和生活方式的基本理念,即采用"循环城市"原则,即减量化、再利用和再循环。大力推动发展城市内资源的良性循环,有利于建设节约型社会及有效地保护地球有限量的资源,在实现生态城市建设过程中是必然的选择。

但要注意的是,生态城市关注自然环境、维持生态平衡等目标,提出城市发展要与自然生态系统取得平衡,以生态系统内资源投入排放(如能源、水、空气、土地)达到最低甚至零影响的均衡为目的,手段包括循环经济、生态保护、资源节约,这与主要关注全球气候变化特别是城市发展带来的温室气体排放问题、重点在于如何建立一个可以减缓与适应气候变化的城市发展模式、核心的减缓手段是如何控制能源使用与减低碳排放量的低碳城市是有区别的。

二、生态城市的基本理念

在低碳时代,要把生态城市理念纳入法定城市规划体系,城镇化规划建设的发展模式立足于生态文明建设与应对气候变化这两个重要的理念。

(一)生态文明建设在新型城镇中的体现

在全球资源消耗高的情况下要推动生态文明建设,在城乡空间载体内发展循环经济有其必要性及紧迫性。大力推动发展循环经济有利于建设节约型社会及有效地保护地球有限量的资源,在实现生态文明过程中是必然的选择。

生态文明倡导以人和自然、人和人、人与社会的和谐共生、良性循环为基本宗旨。杨培峰等指出,在生态文明价值观背景下,即从人类中心主义转向生态中心主义,这种关系以循环、开放为标志[1]。从城镇化的角度看,生态文明建设就是在城市空间中,实

---

[1] 杨培峰,易劲."生态"理解三境界——兼论生态文明指导下的生态城市规划研究[J].规划师,2013(1).

施生态生产和生活的基本理念。要落实生态文明理念,就要把循环经济整合到城市规划决策过程中,特别是把有关的概念和理论融进法定规划管理方法、手段及规划编制流程中。也就是跟从"生态"概念改变传统的城市发展方式,采用"3R"原则,即减量化、再利用和再循环。城市要与自然生态体系共生的理论基础是"循环经济"发展模式。

(二)低碳城镇化应对全球气候变化

全球过去200年的发展导致人类目前面对有史以来最大的环境问题:气候变化。全球气候变化问题出现是基于全球二氧化碳浓度的增加,而主要原因是由于化石燃料的使用。在建设生态文明的同时,我国高速的城镇化带来高速的能源消耗,产生温室气体,包括二氧化碳。在城市规划中,推动低碳城市发展,倡导节能减排,降低城市能耗与温室气体排放,对我国实现2020年单位GDP二氧化碳排放下降40%～45%的目标[1]和计划在2030年左右二氧化碳排放达到峰值的目标有着至关重要的意义[2]。因此,在我国城市管理体系中,生态城市的发展模式应该是规划的核心目标之一。一个城市的碳排放量主要是由能源使用规模、能源使用效率、能源碳排放强度三个主要的驱动因素决定,所以,在低碳时代,生态城市要应对全球气候变化,也应从这三方面入手。

1.提高能源使用效率

城市在特定的发展规模下,可以通过提高耗能效率来减低能耗水平。能提高城市能耗效率的手段包括清洁工业生产、建筑耗能设计与运营、绿色交通、绿色市政等节能手段与管理,也可以包括建立城市绿地碳汇能力的植林建设。

---

[1] 中国新闻网.2020年单位GDP二氧化碳排放放比2005年降40%－45%[EB/OL](2009－11－26)[2009－12－04]. http://www.chinanews.com/cj/cj－hbht/news/2009/11－26/1986490.shtml.

[2] 人民网.中美气候变化联合声明(全文)[EB/OL](2014－11－13)[2014－11－15]. http://politics.people.com.cn/n/2014/1115/c70731－26030589.html.

2. 控制能源使用规模

城镇化带来人口规模扩大,城市建设用地范围与其他建设规模会因此随着城镇化率提升而增加,同时人均收入上升使人均能耗相对也上升,导致城市耗能水平不断升高。城乡规划需要引入在城镇化过程中对城市发展的总量控制,通过空间资源协调,在法定规划中控制土地利用规模、建筑面积总量、交通出行总距离等碳排放驱动力。

3. 减低能源的碳排放强度

在城镇化期间,城市发展的能耗会增加,但科技发展与应用会减低能源的碳排放量,包括提高城市可再生能源与清洁能源的使用比例、采用低排放燃料的交通、在电力生产端采用碳捕获与封存等能源科技等。

第二节 城市生态资源承载力评估

地球的资源是有限的,而它的承载力也是有限的。因此,人类的活动必须保持在地球生态环境承载力的极限之内,城市规划活动也不例外。本节主要对城市生态资源承载力的评估进行分析。

一、生态资源承载力概述

生态资源承载力是指在一定时期内,在维持相对稳定的前提下,环境资源所能容纳的人口规模和经济规模的大小。它主要强调我们地球生态环境的容纳能力,指的是在某一时期、某种生态环境状态下,某一空间范围内环境对人类社会、经济活动的支持能力的限度。"承载力"的概念是动态的。它有演化的本质,因为我们对生态环境的认识并不是完全的。"承载力"概念的改变体现了人类社会对自然界的认识不断深化,在不同的发展阶段和不同的资源条件下,产生了不同的承载力概念和相应的承载力理论[①]。把这一概念应用到低碳时代的生态城市规划,生态环境系统的承载能力则体现在它能对城市发展活动的需要提供支持(提供资源投入,分解废物产出)。生态城市规划的理念就是避免生态系统的完整性遭到损害,在城市发展的同时保持生态环境的良性循环,从而使生存于生态系统之内的人和各种动植物不会面临生存危险。从空间规划的角度来看,生态资源承载力分析是城市总体规划的重要研究内容,与城市总体规划方法密切相关的是两个基本的理论:生态学中生态系统学和景观生态学中的生态安全格局分析。考虑总体规划的编制技术路线,要达到指导城市总体规划的空间布局,为低碳生态城市规划提供科学依据(图 8-2)。

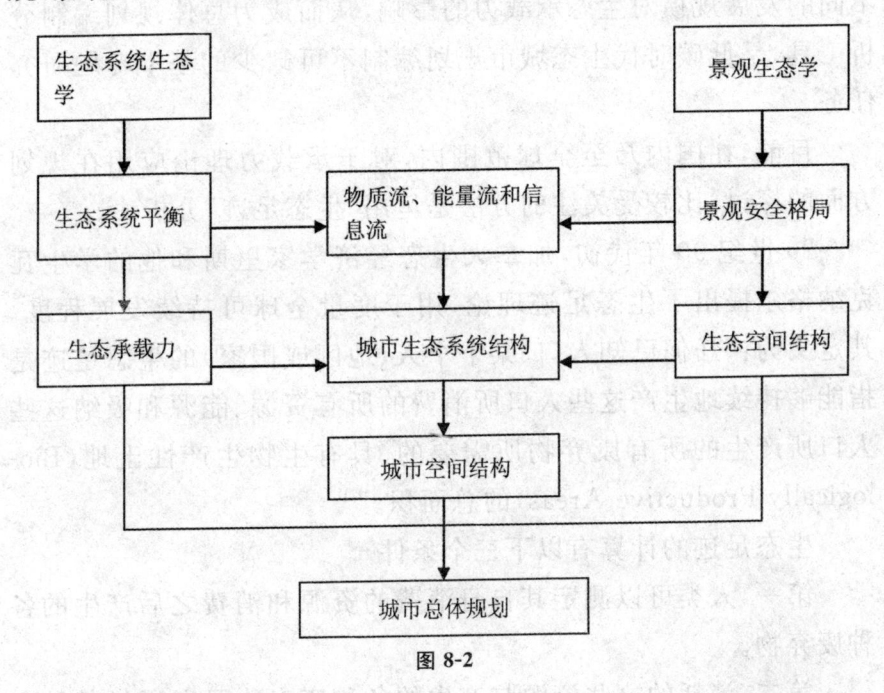

图 8-2

与生态环境承载力息息相关的是生态环境人口容量。联合国教科文组织对环境人口容量的定义是:"一个城市或地区的环

---

① 王宁,刘平,黄锡欢.生态承载力研究进展[J].中国农学通报,2004(6).

境人口容量,是在可预见到的时期内,利用本地资源及其他资源和智力、技术等条件,在保证符合社会文化准则的物质生活水平条件下,该城市或地区所能持续供养的人口数量。"人类的生存基本依赖于自然资源的支持,所以在自然资源数量有限的情况下,某一个地区的人口是不能无穷增长的,否则会导致社会生活质量下降甚至社会灭亡。因此,决策者需要一个定量指标来确定在某地区内,应当将人口规模保持在什么样的范围内,才能保证合理的生活质量和可持续发展能力。

二、生态足迹在城市总体规划中的应用

生态环境承载力分析方法以清晰的概念有效地评估、解释了不同的发展规模对生态承载力的影响,从而成为总体规划编制分析工具,是低碳时代生态城市规划编制不可缺少的基本专题研究任务。

目前,在国内乃至全球范围内,对于承载力理论应用在规划方面的探讨,比较受关注的方法是运用"生态足迹"分析法。

20世纪90年代初,加拿大生态经济学家里斯和他的学生瓦克纳格尔提出了生态足迹理论,用于度量全球可持续发展程度。其定义为:"任何已知人口(某个个人、地区或国家)的生态足迹是指能够持续地生产这些人口所消费的所有资源、能源和吸纳这些人口所产生的所有废弃物所需要的、具有生物生产性土地(Biologically Productive Areas)的总面积。"[1]

生态足迹的计算有以下三个条件。

第一,人类可以测定其自身消费的资源和消费之后产生的各种废弃物。

第二,消耗的这些资源与产生的各种废弃物可以通过某种方法被转换成相应的生产面积。

---

[1] M Wachernagel. E R William Rees. Our Ecological Footprint:Reducing Human Impact on the Earth[M]. Gabriola Island:New Society Publishers,1996:56—76.

第八章 低碳时代生态型城市规划探究

第三,已知人口的一个地区的生态足迹是指生产这些人口所需的各种消费品以及吸纳这些人口所产生的所有废弃物所需要的相应的全部生产面积。

生态足迹通过空间(面积)表述为:某地域的生态系统为了满足这个地域内人类的生产与生活以及吸纳人类产生的各种废弃物和垃圾所需要的生产面积。

生态足迹计算技术路线共有以下三步。

第一步,计算各种消费项目的人均生态足迹分量计算。计算公式为:

$$A_i = \frac{C_i}{Y_i} = \frac{P_i + I_i - E_i}{Y_i N}$$

其中,i:消费项目的类型;

Y_i:生产第 i 种消费项目的生物生产性土地年平均产量;

C_i:第 i 种消费项目的人均消费量;

A_i:第 i 种消费项目折算的人均占有的生物生产性面积(人均生态足迹分量);

P_i:第 i 种消费项目的年生产量;

I_i:第 i 种消费项目的年进口量;

E_i:第 i 种消费项目的年出口量;

N:人口数。

第二步,计算生态足迹。人均生态足迹的计算公式为:

$$f_e = \sum r_j A_j = \sum r_j (P_i + I_i - E_i)/(Y_i N)$$

其中,f_e:人均生态足迹;

r_j:均衡因子;

A_j:第 j 种消费项目折算的人均占有的生物生产面积(人均生态足迹分量)。

第三步,计算生态承载力。人均生态承载力的计算公式为:

$$C_e = a_j r_j y_j$$

其中,C_e:人均生态承载力;

a_j:人均生物生产面积;

y_j 产量因子。

根据以上模型,可以将生态足迹法应用到总体规划内的市域城镇体系规划,具体表现在以下两个方面[①]。

第一,计算规划前市域生态足迹,评价环境承载力的现状水平,预测规划实施后生态足迹、生态环境承载力的变化,并分析变化原因,掌握市域的生态承载力现状和变化的规律;

第二,通过关联分析找出影响市域生态足迹和生态承载力变化的主要因素,包括建设规模与城市生产和消费模式,提出市域的建设规模、总量控制和建设用地规划建议。

这两方面的专题分析,可以以定量的方法评估城市总体规划特别是市域城镇体系规划的生态资源使用合理性,是低碳生态城市规划在总量控制层面的分析工具。

要注意的是,生态足迹模型本身就是一个与空间尺度密切相关的模型,以全球公顷为标准进行生态足迹核算适于国家层面的分析和比较,但在城市总体规划或市域城镇体系规划的编制中要做生态足迹比较和结果分析时,不能简单采用全球统一的平均数据,而是需要根据城市所在区域的生产与发展数据进行生态足迹计算。

第三节 城市生态空间安全格局分析

一、生态空间安全格局概述

生态安全格局是指生态景观中存在一个生态系统空间格局,它由景观中不同局部所处的位置、形态、大小、关联和空间联系共同构成。生态空间安全格局强调区域或城市生态空间存在的形

[①] 熊鸿斌,李远东,谷良平.生态足迹在城市规划环评中的应用[J].合肥工业大学学报(自然科学版),2010(6).

第八章 低碳时代生态型城市规划探究

式对生态系统整体安危的影响,对维护或控制特定地段的某种自然生态过程有十分重要的意义。不同区域的生态安全格局具有不同的特征,总体规划的生态空间布局应该是根据生态安全格局分析而建议的。

对生态空间安全格局的分析源于景观生态学,为确定城市建设空间规模与布局提供技术支撑。俞孔坚等通过对城市水文、地质灾害、生物多样性保护、文化遗产和游憩过程的系统分析,运用GIS和空间分析技术,判别出维护上述各种生态安全的关键性空间格局,再综合、叠加各单一过程的安全格局,提出基于景观安全格局理论的城市生态安全格局网络和城市发展空间格局,为未来城市空间发展预景和土地利用空间布局的优化提供了科学的空间分析与依据。[1] 欧定华等总结了我国在生态安全格局研究与应用方面的历程[2],提供了一个应用模型,即依据现阶段比较成熟的景观生态学理论、景观生态规划原理,综合集成现行空间规划决策技术方法,将区域生态安全格局规划技术流程概括为14个步骤,如图8-3所示。

第一步,构建规划范围内景观生态分类体系,将区域自然要素综合体划分为具有等级体系的景观类型,制作景观生态类型分布空间图。

第二步,分析一定时期规划范围内景观格局的演变过程、规律和特征,再运用景观格局分析模型,对规划范围内景观格局及其影响因素进行空间自相关性分析和空间统计分析,从而确定景观格局变化驱动因子。

第三步,综合运用GIS空间分析技术和人工智能方法,对规划范围内不同景观类型的适宜性进行评价,形成不同景观类型适宜性分级空间布局数据和图集。

---

[1] 俞孔坚,王思思,李迪华,等.北京市生态安全格局及城市增长预景[J].生态学报,2009(3).

[2] 欧定华,夏建国,张莉,等.区域生态安全格局规划研究进展及规划技术流程探讨[J].生态环境学报,2015(1).

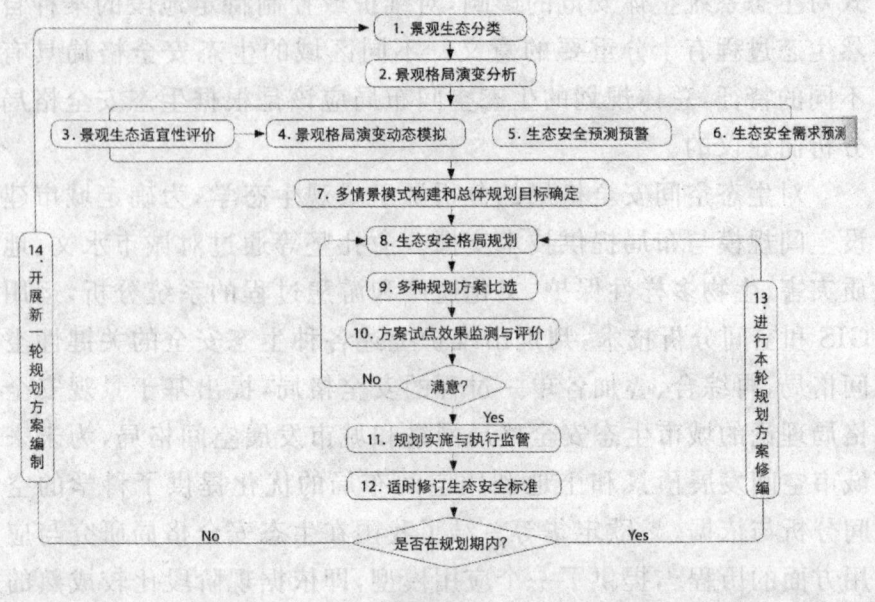

图 8-3

第四步，在前面成果基础上，对规划范围内景观格局演变趋势进行预测，可以根据不同规划方案得到规划目标年景观格局模拟预测。

第五步，建立生态安全动态评价指标体系，目前运用生态安全格局被认为是实现区域或城市生态安全的基本保障和重要技术分析途径。

第六步，通过对区域人口规模、经济发展、生态环境敏感性、生态系统服务功能等方面的综合分析，提出确保规划目标年生态安全所需的各景观生态类型面积，包括可以建设面积的总量上限，为进行生态安全格局规划提供基础数据。

第七步，结合不同规划方案与发展路径如区域经济发展、城镇总体规划、土地利用规划、产业发展规划、政策调控措施等方案，合理构建多种情景预案，并确定不同情景下生态安全格局规划目标。

第八步，结合的方法对区域不同情景下生态安全格局进行优化配置，得到不同情景生态安全格局优化规划方案。

第九步,从生态环境安全、社会经济发展等多个角度对不同情景的区域生态安全格局优化规划方案进行比选。

第十步,对确定的规划方案进行试点,动态监测方案实施效果。

第十一步,从政府管理、政策制定、公众参与等角度提出生态安全格局规划执行方案和监管意见。

第十二步,生态安全格局规划目标不是静止的,随着生态安全新问题的产生和社会经济发展新需求的提出,需要重新制定生态安全标准。

第十三步,以新标准为规划目标,按照前面步骤的流程开展区域生态安全格局规划修编。

第十四步,按照前面的流程开展新一轮区域生态安全格局规划方案编制。

综上所述,从规划的视角来看,城市生态安全格局是城市复合生态系统中的空间格局,由一些点、线、面的生态用地及其空间关系组合构成,对维护城市生态系统的安全水平和重要生态过程起关键性作用。

二、总体规划应用生态安全格局的技术路线

总体规划建设空间控制的基础依据是以城市生态系统的空间结构为研究对象,通过空间格局的优化,建立可持续的系统空间格局,保护城市生态系统的生态过程及其服务功能。将这一理论与景观安全格局途径相结合,可以构建一个应用在法定总体规划编制的生态安全格局研究框架。

生态安全格局研究建议标准划分依据是建立在对各种自然、生物和人文过程的研究基础之上的,如洪水风险频率的通用等级划分、河流廊道宽度的景观生态学依据、生物保护中的最少面积和最小种群等[1]。不同安全水平生态安全格局的划分标准不同,这里以北京市为例,建立六类生态安全格局的空间划分标准,即

---

[1] 朱强,俞孔坚,李迪华.景观规划中的生态廊道宽度[J].生态学报,2005(9).

综合水安全格局、植被保护安全格局、生物保护安全格局、文化遗产安全格局、旅游休闲安全格局和地质灾害安全格局。然后可以综合这六个格局建立综合生态安全格局。在综合生态安全格局内对主要的生态空间特征有所考虑,把生态过程、连接、保护空间要求等划分为不同的综合安全水平生态安全格局,可以包括以下三类。

第一类,基本安全格局。这是保障生态安全的最基本格局,使区域生态环境在短期内保持稳定,是城市发展建设中不可逾越的生态底线。

第二类,较高安全格局。在这一安全格局内主要是重要的缓冲区,同时也可以有部分对于基本安全格局起到保护和修复作用的建设存在。

第三类,其他生态功能用地。在这一安全格局内,可以进行有条件的开发建设,具体的开发限制条件需要通过进一步的生态研究来确定。

对这三类不同的生态安全水平进行分析之后,可以建立一个生态安全的空间格局,为总体规划的空间战略提供依据。

第四节 生态城市改造分级关键技术

建设低碳生态型城市,关键是对建筑、交通、绿化、用水、垃圾处理以及整体的城市绿色规划等方面的改造,要从这些方面入手,做好节能减排。

一、建筑节能技术

绿色建筑星级标识中的一星、二星、三星标准,其中,一星代表的是我国建筑节能的最低等级标准,三星代表的是我国建筑节能的最高等级标准,执行一星的标准也就意味着要利用最基础、最便宜的节能技术。

（一）一星级的建筑节能技术

1. 一星级建筑建设与改造的节能原则

在既有建筑的节能改造和绿色建筑的建设过程中，要贯彻以下两项原则。

第一，建筑的节能必须考虑尽量采用低品质（低能值转换率）的能源，比如地热能、太阳能、风能和生物质能等，这样建筑整体的能效就会更高。例如，南方地区建筑首先考虑通风（图 8-4），这是最基础也是最高效的能源利用；北方地区建筑首先要考虑朝向和通过窗户加强太阳能光热利用。

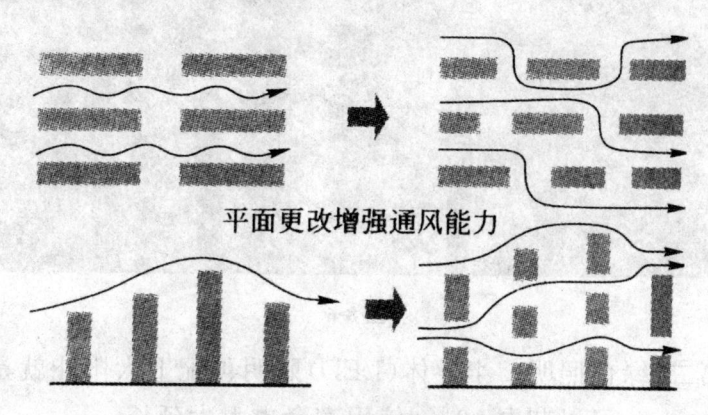

平面更改增强通风能力

立面更改增强通风能力

图 8-4

第二，绿色建筑设计应尽量利用通风、自然采光（图 8-5）以及外遮阳等简单的节能技术来实现建筑节能。绿色建筑是低造价的建筑，所以应把低成本的节能技术作为最主要的节能手段。

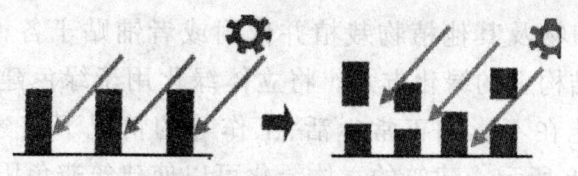

立面更改增加自然采光

图 8-5

2. 建筑建设与改造的节能技术

一星级的建筑节能技术主要包括以下五种。

第一,建筑太阳能一体化应用(图 8-6)。目前,太阳能光伏的大面积推广迎来了前所未有的时代机遇。

图 8-6

第二,绿色照明。半导体(LED)照明再配上太阳能就是最佳的组合之一,可以节电 80%,使用寿命也大大延长。

第三,将建筑外遮阳引进社区,如薄膜遮阳(图 8-7),夏季光照强烈的时候,建筑外层的薄膜就可以遮挡太阳直射,从而有效降低建筑内的温度。此外,还可以在社区种植高大的乔木,加大树荫面积,以此来降温。

第四,立体绿化。立体绿化是指充分利用不同的立地条件,选择攀援植物及其他植物栽植并依附或者铺贴于各种构筑物及其他空间结构上的绿化方式。将立体绿化用于绿色建筑节能中,就是尽可能在不影响正常生活、工作等的情况下使建筑遍布绿化,如图 8-8 所示。建筑的立体绿化可以使建筑避免阳光直射,从而大幅降低热效应,尽量少使用空调,节省空调能耗。

图 8-7

图 8-8

第五,公共建筑能耗监测与评比。我国公共建筑包括商场、政府大楼用的还是集中式空调,必须采用在线能耗监测、能效审计、公开评比的办法来大力促进建筑节能和改造。长时间采取这种措施,公共建筑的能耗就会显著下降。

(二)二星级的建筑节能技术

二星级的建筑节能技术主要包括以下两种。

1. 推行建筑配件化

我国毛坯房的供应比例之高是世界上少有的,推行全装修,全国每年可以减少 300 亿元价值的资源消耗,二氧化碳气体的排放也可以大幅度减少。与此同时,在全装修的基础上,推行建筑的构件化和配件化,这样可以加快施工速度,节约大量的材料和能源,从而降低工业垃圾污染和噪声污染。

2. 普及高级别绿色建筑

如果城市中 1/3 以上的建筑达到高级别的绿色建筑标准,整个城市的能耗就会大幅度下降。我国绿色建筑要注重节能、节材,解决生态环境的急迫性问题,要避免一些后工业化华而不实的内容。

(三)三星级的建筑节能技术

三星级的建筑节能技术主要包括以下几种。

1. 普及被动式建筑、超低能耗建筑

被动式建筑(图 8-9)就是零能耗建筑,人在建筑中的活动会产生热能,将其合理利用,再加上良好的保温围护结构,冬季建筑就可能实现不用主动用能加温,从而实现零能耗。超低能耗建筑节能率达到 90% 以上,基本上不消耗额外的能量。

图 8-9

2. 多角度利用可再生能源

多角度利用可再生能源是将多种可再生能源有机组合,形成互补效应,这就需要通过高超的设计来实现。尤其是有一些能源是间歇型能源,受自然条件约束很大,不过,智能微电网技术的发展使这一切都成为可能。

3. 建设分布式能源小区

所谓分布式能源小区就是在地质结构为水平状岩石层上建设小区,因为水平状的岩石层是很好的蓄能空间,这种地质结构是一个免费的可再生能源存储空间,能够存储能源,即在冬季将冷源存储在地下,夏天再释放出来。在这种地质结构上建设分布式能源小区,建设可以与地下可再生能源连接的电路,加载蓄电池,给电动汽车、电动自行车充电,这样既节省了能源消耗,又吸收了逆变器产生的干扰波,同时电动车这种低碳的出行方式又减少了碳排放,可谓一举数得。

4. 在单栋建筑上综合利用可再生能源

建筑设计师们要学会把多种可再生能源组合在一幢建筑上,并且致力于这些可再生能源互补利用,进而实现建筑和社区零能耗的目的。

二、绿色交通技术

机动化带来两个问题:污染空气,让雾霾天气发生频率增加。与此同时,机动化导致交通能耗占全社会的能耗比例将从目前的15%增长到30%以上。所以,绿色交通是城市中仅次于绿色建筑的另一个节能减排重点领域。这里也将我国交通节能的等级标准从低到高分为一星级、二星级和三星级。

（一）一星级的绿色交通技术

1. 确保自行车道与步行道安全畅通

最简单的解决绿色交通问题的方案是确保自行车道与步行道安全畅通。因为自行车是迄今为止世界上最绿色、最环保的交通工具，而步行更是环保出行。所以，我国交通规划要学习国外，严格区分小汽车道、公交车道、自行车道，并做好私家车的限行工作。

2. 立体步行系统

立体步行系统就是将住宅小区、公交站、写字楼等链接起来，人们从小区出来到公交站，再从公交站到办公地点，包括街道上下，全部能够走得通。

3. 屋顶楼宇间交通

要减少大量交通能耗，可以搭建起屋顶楼宇间的交通，如在楼与楼之间设计一些桥梁通道（图 8-10），连接成体系。

图 8-10

4. 公共交通导向的发展模式(TOD)

公共交通导向型发展模式(TOD)是一种新型的交通规划模式,即对土地进行全方位的规划,将地铁、公交、自行车等交通工具综合考虑,先设地铁站,然后在地铁站辐射半径之内建设公交站点,并将地铁站、公交站与自行车道相连接,确保三者实现无缝换乘。TOD发展模式是城市建设提供了交通建设与土地利用有机结合的新型发展模式。

5. 地面快速公交系统(BRT)与"双零换乘"

我国城市的地面快速公交系统(BRT)(图8-11)发展取得了很大的进展,但BRT车辆设计和换乘枢纽设计等方面还有很大的进步空间,如公交车车门变大,加强区间的交通衔接等。

图 8-11

6. 道路和停车场绿化

夏季,日照时间长,如果缺少高大的乔木遮阴,车辆车厢内的温度就很高,必须靠开空调来降温,这样极其耗费燃油,汽车的能耗随之大大增加。所以,在进行交通规划时,一定要做好道路和停车场的绿化工作,在不妨碍交通的情况下多种植高大的乔木,尤其是在停车场,尽量保证每一个停车位都处于树荫下,如图8-12所示,这样才能起到非常好的降温节能效果。与此同时,植物数量增多,吸收废气的效果也会大大增加。

图 8-12

（二）二星级的绿色交通技术

1. 直线电机新型地铁

有着车辆底盘低、转弯半径小、爬坡能力强的优势的直线电机地铁比常规地铁对轨道的要求低，采用这种地铁，地铁建设挖掘量会降低三成，可以节约四分之一的工程造价，有着特别显著的节约、节能效果。

2. 交通需求管理

为了解决交通拥堵，特大型城市必须控制交通需求，在城市繁华地段划出一定区域，减少停车位，提高停车费，增加公交专用道，对进入此区域的小汽车收费用于绿色交通的发展。同时应号召大家骑自行车上班。

3. 与可再生能源相结合的电动车供电系统

太阳能是最为普遍的可再生能源，将其与电动车结合，将大大节省常规发电量。而利用太阳能对汽车、电动车进行充电也非

第八章　低碳时代生态型城市规划探究

常方便,只需要安装太阳能光伏发电装置即可,如图8-13所示,如白天可将电动汽车、电动车停放在装有太阳能发电系统的地方免费充电,这样不仅大大减少了电力消耗,电动车出行也减少了尾气排放,更加环保。

图 8-13

4. 无线城市、移动服务系统

随着网络的飞速发展,无线城市也有了实现的可能,在无线城市中,上网方式边际成本几乎为零,上网速度也很快,市民采用家中上班的工作模式可替代一部分见面交流和上班交通流量,可以网购,从而减少了城市整体能源的消耗。

(三)三星级的绿色交通技术

三星级的绿色交通技术中有两项是非常重要的:一是中低速磁悬浮,有非常大的发展潜力;二是交通综合解决方案。

▲ 低碳时代的城市规划与管理探究

1. 中低速磁悬浮、PRT

路面交通已经日益复杂化,但还是难以解决拥堵问题。尤其是在拥堵的时候,车辆耗能大大增加,使得空气污染更为严重。所以,在规划交通时应将眼光放在空中和地下。当前,很多城市都拥有了成熟的地下铁路交通网络,所以,未来要考虑如何将路面交通空中化。如果是建立空中公交,则需要建设大型的停车站,而车辆线路穿过楼宇时会产生很大的噪声和震动,对生活在楼宇中的人的生活影响很大。所以,基本没有什么负面影响的中低速磁悬浮列车就成为上上之选。

此外,PRT(Personal Rapid Transit)这种新型个人快速轨道交通系统(图 8-14)也是未来交通中常用的。PRT 占地小,轻便,不是公共交通,但车厢有 6~8 座,使用空中轨道,其便捷性、舒适性都可以与私家车相媲美。在使用时,使用者可以通过点击按钮,系统自动载人到目的地,不存在交通堵塞的问题。

图 8-14

2. 交通综合解决方案

最高级的绿色交通技术中有一个重头戏,就是综合利用 BRT、PRT、轻轨等各类交通工具,并通过整体优化设计达到最优的公共交通网络,大大节约了能源。

三、水生态系统技术

健全的城市水生态系统不仅可以达到节能和削减污染物的目的,而且对提升城市生活质量具有不可替代的作用。

(一)一星级的水生态系统技术

1. 雨污分流管网系统

在降雨量较大的城市,雨污分流的管网建设是优化水生态方面最重要的措施。雨污分流管网建设必须从城市规划编制开始,必须与新区道路的建设一起实施,把雨水和污水分开收集。老城和小区改造也要进行雨污分离。

2. 节地型的污水处理设施

节地型的污水处理设施,顾名思义,就是节省用地的污水处理设施,也就是把污水处理设施设置在地下,如深度处理装置,这种装置类似于小型集装箱式,深埋地下,通过这种装置可以优化污水处理体系。污水经过深度处理,达到一级A的标准,出来就是中水,可以用来就地回用。

3. 分散式污水处理厂

国际水协早就提出污水处理设施建设必须遵循16字方针:"适度规模、合理分布、深度处理、就地回用"。污水处理厂的设置也必须遵循这一方针,厂址的选择应经过系统的布局设计,应以覆盖但并不重复覆盖居住人群为宜。分散的距离标准是50万人的居住组团,因为每个污水处理厂覆盖50万人的居住组团是合理的。

(二)二星级的水生态系统技术

1. 雨水收集系统

对于那些干旱少雨的城市,除了调水之外,还能设置雨水收集系统,因为经过收集到的雨水只需要进行简单的沉淀处理,就可以用作浇灌花草树木、冲厕所等。所以,设置雨水收集系统,密切关注气象预报,在降雨来临时做好雨水收集,就很容易做到城市雨洪合理利用,从而实现节水目标。

2. 灰色水与黑色水分离

每个立方灰色水只需1块钱的成本就可以变成可以用来冲马桶的中水,从而减少30%的生活用水量。所以,在生态城市改造中,要把雨水的收集、节水器具的推广、灰色水和黑色水分离综合起来,节水率就可以大大提高。

3. 水系生态化改造

改造水系生态化,就是改善原来的水利系统,使得河流和人能进行非常亲密的接触,水生态的条件大大改善,河流变成非常美丽的景观。

4. 膜技术

膜技术(图8-15)可以降低污水的处理能耗和成本,2元/t的成本就可以把污染的水变成中水,再进一步变成可循环利用的三类水。

5. 低冲击开发模式(LID)

低冲击开发模式(LID)(图8-16)是指城市与水生态系统和谐共存,通过建筑物屋顶、居民区、小区、停车场、街道蓄水池以及城

第八章 低碳时代生态型城市规划探究

市主干道储水沟等的蓄水实现 50ml 以内的降水量城市地面不发生溢流、没有积水。

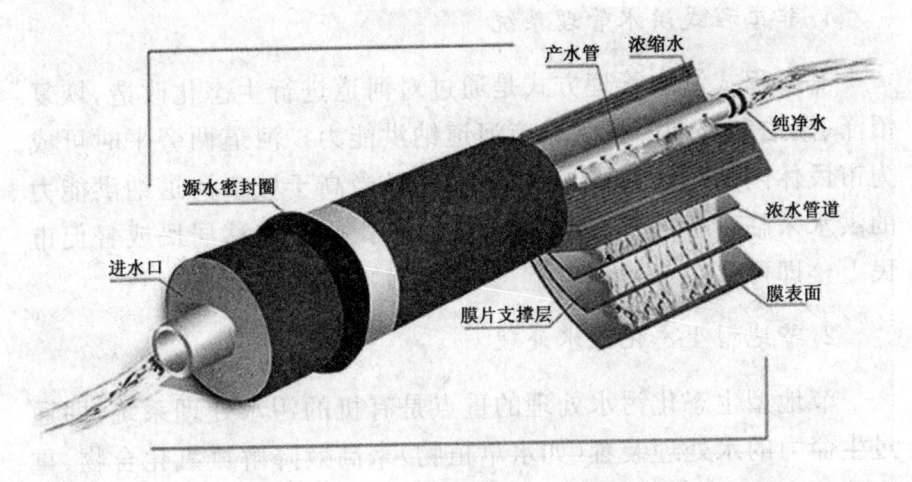

图 8-15

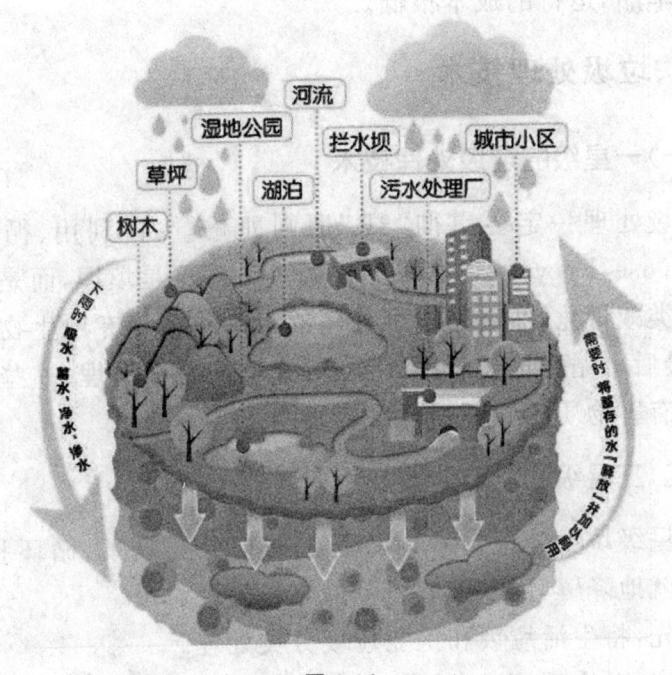

图 8-16

(三)三星级的水生态系统技术

1.非工程式洪水管理系统

非工程式洪水管理方式是通过对河道进行生态化改造,恢复沼泽、湖泊和湿地等扩大城市河道纳洪能力。河道两旁平时可成为市民休闲的场所和观光胜景,而一旦当高于城市河道纳洪能力的洪水来临时,可采取疏导的办法,及时预警、转移居民或督促市民上楼即可化解。

2.节地型生态化污水处理

节地型生态化污水处理的重点是有机的污水处理系统,即通过生命力的水处理装置(如水草植物)来高效降解氮氧化合物、重金属化合物和磷等元素。这样的污水处理系统不用消耗任何能源和化学品,运行的成本很低。

四、垃圾处理技术

(一)一星级的垃圾处理技术

垃圾处理一定要贯彻"3R"原则即减量、再利用、循环(Reduce,Reuse,Recycle)。最简单的垃圾处理不是填埋,而是把垃圾严格分类减量化,然后将不可分离的厨余垃圾等专项生物处理成肥料,最后再循环重新利用;一些可降解的可以填埋;一些焚烧后不产生有害物质的垃圾则可以焚烧。

(二)二星级的垃圾处理技术

二星级垃圾处理技术的核心是严格分类收集、循环利用、厨余垃圾就地降解,可以采取以下措施来处理垃圾。

首先,将生活垃圾和工业垃圾分类处理。

其次,对生活垃圾进行细分,分清楚哪些是可回收的、哪些是不可回收的,可回收的垃圾中哪些是报纸、哪些是废旧塑料、哪些是玻璃瓶,对它们进行分类回收;不可回收的垃圾就地降解。

再次，将工业垃圾分类，变有机废料为有机肥料，使其实现自我循环。

最后，通过现代基因嫁接技术，培养出超级细菌也可以用来降解塑料。

(三)三星级的垃圾处理技术

三星级的垃圾处理技术主要是分区采用真空管道来收集垃圾，对于有机垃圾可以就地降解并利用。具体做法是，每家每户装置真空管道，每栋建筑旁边设置分类回收口。每家每户生产的垃圾通过真空管道分类输送，整栋楼进行总体回收。这种方法非常便利，但是真空管道输送系统造价昂贵、维护成本高，使用中也会产生较高的能耗。

五、城市绿道建设

"绿道"(图 8-17)是一个新生事物，是一种线形绿色开敞空间，一般是林荫小路，供行人和骑单车者(排斥电动车)进入的游憩线路，其规划建设能够促进可持续的发展。要想探求一种人人喜闻乐见的绿色交通新模式，"绿道"建设是实现这一目标的有效途径。

图 8-17

(一)"绿道"建设的意义

第一,"绿道"有利于生态环保。它涵养水源、净化空气,特别能大幅降低当前非常棘手的 $PM_{2.5}$ 污染浓度。

第二,"绿道"有利于增进民众健康,有利于保护和利用文化自然遗产。

第三,"绿道"建设,带动了乡村游、景点游、生态游、健身游,有利于创造就业,增加农民收入,凡是"绿道"沿线的农家乐收入都比其他地区农户的收入高很多。

第四,"绿道"内连接地铁等公共交通,外连接港口、码头、铁路、公路客站,有利于推动节能减排。

第五,"绿道"有利于缓解交通拥堵。电动自行车这种零排放、新能源且能够利用可再生能源的交通工具,能够在"绿道"中欢快地跑起来。这样能够大大降低城市交通拥堵情况,也为人民群众提供了多样化的交通条件。

第六,"绿道"是保护最宝贵的遗产资源、文化资源的管理创新,是落实区域规划、实现资源共享、环境共保的新载体,是扩大应用可再生能源、推动绿色交通、科技创新的新途径,有利于促进体制和科技创新。

(二)提高"绿道"规划水平若干重点

第一,"师法自然"的设计。"绿道"是生态文明的有效载体,通过"师法自然"的设计,与现代城市僵硬的景观形成反差。

第二,"绿道"要具备"多样复合"的交通功能,成为现代的汽车交通分流的慢行系统,从而减少交通拥堵与污染排放。

第三,合理搭配花草灌木,重视绿化布局。绿道绿化设计一定要花草灌木合理搭配,特别注重道旁高大乔木的培植,形成浓郁的树荫,为老百姓遮阳挡风,让使用"绿道"的人呼吸新鲜空气。

第四,配置宜人的休闲设施。"绿道"要处处可以休息,处处可以观光,处处可以赏景,处处可以休闲放松、遮风避雨。

六、城市绿色规划

(一)一星级的绿色规划

在城市规划中,要贯彻黄、绿、蓝、紫四条线,严格保护历史和自然遗产。其中,黄线用来管制两种类型的公共投资所引发的周边土地价值明显变动区域;绿线用来控制绿地;蓝线用来保护水系统、水源保护地;紫线用来保护历史街区和历史建筑。

(二)二星级的绿色规划

1. 地下空间综合开发

我国目前地下空间难以综合利用,因此城市规划必须通过地下空间的整体设计来实现地下空间的综合开发,地铁做到多层,管道、地铁、地源热泵、深层的能源利用等要形成系统的规划。

2. 立体社区

把居住、商业功能的建筑重新组合,加上走廊,就等于节地节能的立体社区(图8-18)。在立体社区的构想中,社区中的不同的功能单元建筑复合使用并相互连接,通过步行道把它们串通,从而大大改善城市就业的均衡性、交通的能耗、交往的空间等。

图8-18

(三)三星级的绿色规划

三星级的城市绿色规划重点在于绩效规划。绩效规划是一种以生态环境绩效为原则的规划管理新方法,具体来说,就是在城市规划中,不仅要考察容积率、绿化、高度等传统开发因素,还要考察废气、废水、噪声等必须低于许可标准,在此基础上可以允许业主调整建筑用途。这一规划管理方法能大大地调动建筑功能自主性的调整,同时又不会妨碍社区的正常生活,通过市场的力量把土地的混合利用往前推进了一大步。

第九章 低碳时代城市规划的评价探究

根据低碳城市的理念,探讨如何将低碳理念融入现代城市规划中已经成为当前城市规划领域的一个热点问题。再加上党的十九大报告对建设绿色环保社会的再次强调,为城市规划的低碳发展创造了良好的社会氛围,可以预见,在未来几年内,城市规划将会步入低碳时代。对低碳时代的城市规划进行评价有助于规划方案的进一步科学化,是制定城市规划方案的必要步骤。

第一节 城市规划评价的概念与类型

一、城市规划评价的概念

城市规划评价是"按照一定的方法对城市规划的科学合理性、环境适应性、可操作性或实施效果所做的评价"[①]。它是城市规划运作过程中的重要环节,也是城市规划活动开展的重要基础。通过城市规划评价,规划者可以全面地分析、考量城市规划会产生怎样的效果,这种效果是否符合城市规划的初衷、目标,以及城市发展的需要,是否能满足城市居民的社会意愿等。此外,通过城市规划评价,规划者也可以对规划实施的结果及其过程进行评级,并在此基础上形成相关信息的反馈,以便在规划实施过程中能不断进行调整和完善,最终使城市规划的运作过程进入良性循环。因此,城市规划评价是城市规划编制阶段必不可少的一

---

① 程道平.现代城市规划[M].北京:科学出版社,2010:164.

个环节,《中华人民共和国城乡规划法》第四十六条明确提出了组织编制机关应当定期对规划实施情况进行评估,并采取论证会、听证会或者其他方式征求公众意见。城市管理、资源与环境管理专业人员适宜参与城市规划评价工作。

然而在很长一段时间里,城市规划评价并没有受到城市规划者的重视,在城市规划领域开展得也不普遍,造成这一现象的原因是多方面的,既有规划者只关心规划的终极理想而忽视了规划评价的因素,也有城市规划评价自身固有的困难,这些困难主要包括以下几方面。

(1)城市规划本身涉及的内容之间具有一定的关联性,且不同要素的变化会带来不同的结果,而城市规划可能无法清晰地展示出这些要素变化的结果,正因为如此,规划者可能难以全面科学地掌握城市规划评价的方法与手段,从而在心理上产生了抵触,进而导致他们不愿意进行城市规划的评价。

(2)城市规划是由多个要素共同作用形成的,这些要素彼此间有一定联系,在城市发展中共同发挥作用。因此,对城市规划进行评价时常常难以分离出哪些结果是由哪些规划因素引起的,哪些因素是导致哪些结果产生的直接因素等,这种不明确的因果关系,使规划评价的开展遭遇到了最直接的困难。

(3)所有的评价都是建立在一定的价值观基础上的,如果缺少了一定的价值基础,城市规划评价也难以开展。城市规划涉及城市不同机构、阶层、团体和个体的利益,这些不同的团体与个体都有着自己的价值取向,导致他们的价值观念存在较大差异,这些价值观念的差异也会影响着规划者对城市规划实施问题的分析态度,制约着公众对规划政策的接受及合作程度,这就会使规划实施评价面临着在伦理或道德准则方面的拷问。

二、城市规划评价的类型

城市规划评价的类型多种多样,按照不同的分类标准可将其分为不同的类型,这里主要分析以下两种分类方式及其类型。

(一)按照城市规划过程与内容划分的规划评价类型

有关城市规划评价的类型,塔伦在对众多研究文献进行综述的基础上进行了全面的阐述[①]。他依据城市规划活动开展的过程,按照不同的阶段、内容和方法对城市规划过程中所存在的各种评价进行了分类,为城市规划的评价及不同类型评价中可运用的方法提供了一个基本的框架。根据他的划分,城市规划中的评价可以分成如下几类。

1. 城市规划方案评价

(1)城市总体规划方案评价

总体规划方案是整个城市发展的纲领性文件,是城市建设的蓝图,对该方案进行评价应注意抓住主要方面,即重点对城市性质、城市规模、城市发展方向、城市用地布局结构与道路网系统等进行评价。另外,考虑到城市总体规划方案在编制的过程中一般会进行多次修改,因此对总体规划方案的评价主要是对该方案进行深化和完善。

(2)控制性详细规划方案评价

控制性详细规划方案是规划管理的直接依据,它直接关系城市用地建设等情况,因此对该方案进行评价应本着科学、合理的原则,评价时应着重对与上一层次规划的衔接、用地布局、交通组织、地块划分、控制指标、配套设施等方面进行评价。一般情况下,控制性详细规划方案评价主要是对方案进行优化完善。

(3)修建性详细规划方案评价

修建性详细规划是各类物质形态规划中最基础的一类,对它进行评价主要应对用地功能分工、道路系统规划、建筑空间布局、绿地及景观规划布局、工程管线规划及竖向规划、各类经济技术

---

① 孙施文.现代城市规划理论[M].北京:中国建筑工业出版社,2005:501.

指标等方面进行评价。由于修建性详细规划是建筑设计的依据，因此方案评价时主要是进行多方案比选。

2. 城市规划实施的评价

城市规划实施的评价是针对规划实践活动所展开的评价，这类评价主要针对城市发展现状情况与已批准实施的规划方案进行对比，客观评价规划方案的实施状况。由于城市总体规划关系城市的全局和长远发展，理应首先重视城市总体规划实施评价（详见本章第三节）。为此，2009年4月住房和城乡建设部办公厅发布了《城市总体规划实施评估办法（试行）》。总体来说，目前我国城市规划实施评价处于起步阶段，今后将会有较快发展。

（二）按照城市规划评价方式和方法划分的规划评价类型

邓恩从评价的途径和具体方法的角度将公共政策的评价划分为不同的类型[①]。他认为，任何的评价都应该包括两部分的内容，一是采用各种方法来检测公共政策（规划）运行的结果；二是应用某种价值观念来确定这些结果对特定个人、团体以及整个社会的价值。这也是之所以在公共政策领域中需要进行评价的目的所在。因此，在任何一个评价活动中都必然地包括有关事实和价值这样两个前提，评价也就在这两者相互联系的基础上展开，缺少其中的任何一个都构不成一个完整的评价。因此在所有的评价活动中，可以划分为三种类型，即伪评价、正式评价和决策理论评价。邓恩对公共政策和规划的评价的分类可以总结如表9-1所示，其中每种具体的评价方法在他的书中都有极为详尽的论述。

---

① William N. Dunn. 公共政策分析导论[M]. 谢明，等译. 北京：中国人民大学出版社，2002：437—444.

表 9-1　邓恩提出的政策评价类型

方式	目标	假设	主要形式
伪评价	采用描述方法来获取关于政策运行结果方面可靠而有效的信息	价值尺度是不证自明的或不容置疑的	社会试验 社会系统核算 社会审计 综合实例研究
正式评价	采用描述方法来获取关于政策运行结果方面可靠而有效的信息。这些运行结果已经被正式宣布为政策计划目标	政策制定者和管理人员被正式宣布的目标是对价值的恰当衡量	发展评价 试验评价 回顾性过程评价 回顾性结果评价
决策理论评价	采用描述性方法来获取关于政策运行结果方面可靠而有效的信息。这些运行结果已经被多个"利益相关者"明确地估价过	利益相关者潜在的也是正式宣布的目标是对价值的恰当衡量	评价力估计 多重效用分析

1. 伪评价

伪评价就是采用描述性方法来获取关于政策运行结果方面可靠而有效的信息的一种评价方式。由于它只是描述了规划和政策运行的结果,它关心的只是明确的(事实的)内容而不是评价的内容,因此它在本质上不是评价性的活动。

在这种所谓的评价中,研究者把大量的精力花费在调查规划实施的各项指标的情况,通过规划和政策的输入变量和过程变量来解释政策结果的变异。但是任何给定的规划和政策的结果,被理所当然地认为是合适的目标,比如,人口发展达到的数量,已建成的道路面积或长度,市政公共设施供应的数量(总量和人均量)、建造的房屋数量以及各项用地的数量等。在这种评价中,主要运用的方式是社会试验、统计方法、综合案例研究等。但是,这种带有统计性质的调查,仅仅是揭示了规划或政策的实施状况,或者是描述了现在的状况,而不是对这些规划和政策及其实施过程进行评价。

2. 正式评价

正式评价是在采用描述性方法获取关于政策运行结果的基础上,以由政策制定者和规划人员正式宣布的政策和规划目标作为标准进行评价。因此,这种评价就是以目标为准则对规划和政策的结果进行评价,所要考察的内容主要是政策和规划实施的结果对目标实现的作用。

正式评价可以是总结性的或者是形成性的。总结性评价试图弄清楚某项政策或计划在执行一段时间后对正式目标或目的完成状况,它适用于对稳定的完善的公共政策和计划执行的效果的评价。相反,形成性评价则是对正式目标的完成状况进行连续的监测。但是,两种评价之间的差别并不特别重要,因为形成性评价有别于总结性评价的主要特征是监测政策运行结果的次数。因此,两种评价的差别主要是程度问题。

3. 决策理论评价

决策理论评价是运用描述性方法获取关于政策结果方面可靠而且有效的信息,对于这些结果,各种利益群体明确地认为其有价值。决策理论评价同"伪评价"的主要区别在于:决策理论评价试图将利益相关者宣称的潜在的目的和目标表面化和明确化。这就意味着政策制定者及管理人员正式宣布的目的和目标仅是其中的一个价值归宿,因为政策形成和执行过程中拥有利益的各方都参与了衡量执行所依据的目标和目的的制定。决策理论评价的主要目的之一就是将政策结果的信息同利益相关者的价值取向联系起来。它的假设是:利益相关者潜在的和公开的目标都是对政策和计划价值的恰当衡量。它的两个主要形式是评价力估计和多重效用分析,二者均试图将政策结果方面的信息同利益相关者的价值取向联系起来。

第二节　城市总体规划环境影响评价

城市总体规划环境影响评价就是对规划实施可能造成的环境影响进行分析、预测和评估，提出预防或者减轻不良环境影响的对策和措施，并进行跟踪监测的方法与制度。这一评价的目的在于在环境、资源、人文、社会等方面多角度为政府和部门的规划及其可供选择方案的选择提供信息上的技术支持，以不断优化城市总体规划方案。

一、城市总体规划环境影响评价的意义

城市总体规划是整个城市空间未来发展的决策依据，各级政府都非常重视所在地城市的总体规划。在经济全球化影响下，世界范围内的城市竞争不断加剧，城市发展面临各种矛盾和挑战，面对新时期城市发展的内外形势与环境保护之间的关系，保障城市顺利转型和持续发展，仅以人口规模和土地面积为目标的城市总体规划已无法满足需要。因此，自环评法颁布实施以来，城市总体规划环评作为优化规划方案、实现城市可持续发展的一种新型工具逐渐被政府所重视。具体来看，从资源和环境承载能力等多角度对城市未来发展进行规划，从城市发展的定位、规模、空间布局等宏观决策方面分析城市总体规划受到的资源、环境制约，以规划环评指标为重要依据建立了城市总体规划的多目标体系，强化了总规对制约城市发展战略要素的控制，保障了城市发展规模与城市的刚性约束条件相容，以生态功能区划优化总体规划的土地利用分区，促进总体规划对土地利用模式的转变，对于破解城市发展瓶颈，实现经济、社会和环境的发展也具有重要意义。

二、城市总体规划环境影响评价的基本程序

目前,我国在评价城市总体规划环境影响上大致遵循的是三步走程序,即通过初步研究编制评价实施方案;编制环境影响报告书;政府部门进行决策,建立后续环境监测方案,评估规划环评有效性,具体如图 9-1 所示。

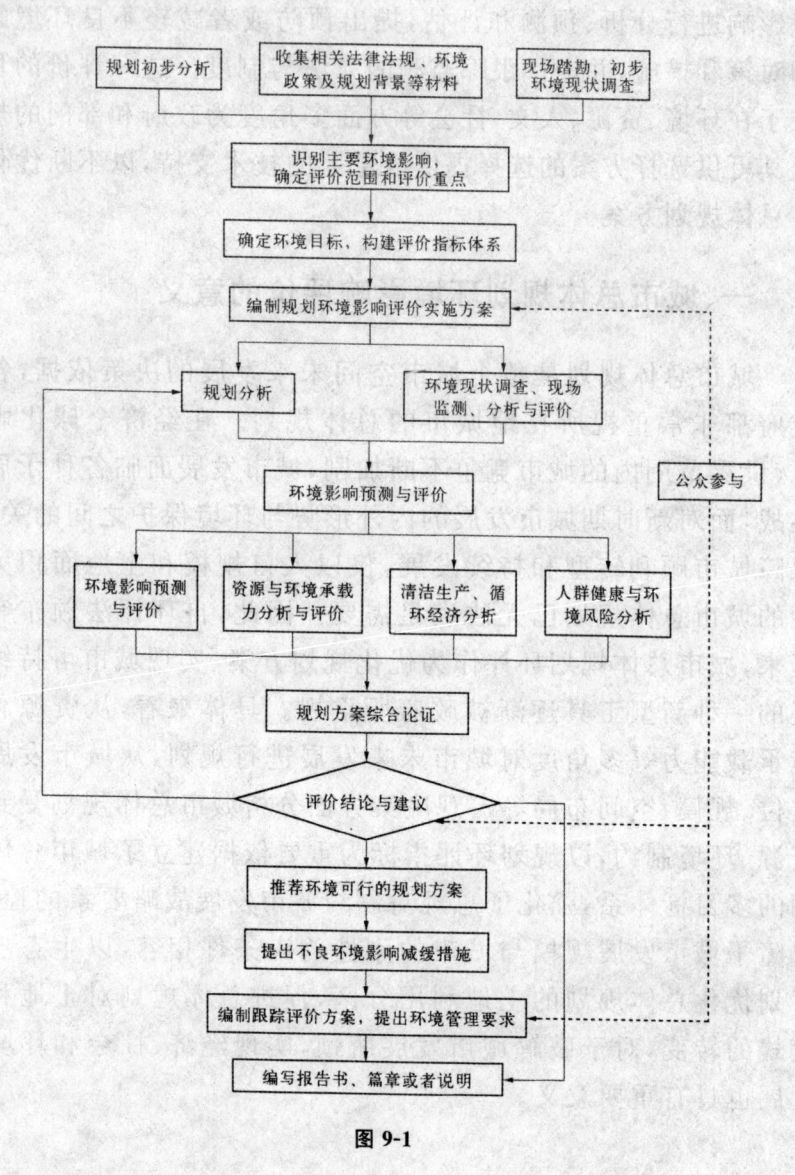

图 9-1

第九章　低碳时代城市规划的评价探究

其中,编制评价实施方案的目的就是要确定评价的重点内容、评价的范围和等级,所以,规划的初步分析(包括对规划目标、范围、时段、推荐方案及替代方案、措施进行初步研究)和环境现状调查(对规划区域及可能影响到的区域自然、社会、经济等现状的调查、资料收集及初步研究)以及城市发展的资源、环境限制条件(包括相关政策、规划及计划的收集与初步研究)的分析成为这一阶段的主要工作。

环境影响报告书编制阶段的主要工作包括现状调查与分析(包括已有资料的搜集、现场调查与监测及城市总体规划相关部门的调研咨询,以此摸清与城市总体规划密切相关的社会、经济、资源、生态等环境背景与现状)、各专题研究并完成专题报告(主要是对城市总体规划涉及的各环境、资源要素进行研究)、报告书的编写(报告书主要内容包括总则,规划概述与分析,资源环境现状条件与制约因素分析,环境影响识别与评价指标体系构建,资源环境承载力分析与评价,环境影响预测与评价,循环经济与可持续发展分析,规划方案的环境合理性综合论证,环境影响减缓措施及跟踪评价,公众参与,评价结论,其他)与修改。

后续环境监测方案,评估规划环评有效性是在规划实施阶段对规划组织、规划执行的环境影响(主要包括资源环境承载能力分析、不良环境影响的分析和预测,阐明规划实施后可能对区域生态系统产生的整体影响以及对环境和人群健康产生的长远影响)进行监测,通过评价,发现问题并提出解决对策,以便加强总体规划对城市环境的有益影响。

三、城市总体规划环境影响评价的方法

(一)环境影响的识别

环境影响识别应重点分析规划实施对资源、环境要素造成的不良环境影响,包括直接影响、间接影响和短期影响、长期影响,以及各种可能发生的区域性、综合性、累积性的环境影响或环境风险。

其中,应考虑的资源要素包括土地资源、水资源、生物资源等。重点从规划的目标、结构、布局、规模、时序及重大规划项目的实施方案等方面,全面识别各规划要素造成的资源消耗(或占用)及环境影响的性质、范围和程度。对于某些有可能产生污染物、致病菌和病毒(能导致"三致"效应——致癌、致突变、致畸)的规划,还应识别规划对人群健康的影响。就其方法来说,环境影响识别的方式和方法主要有:核查表、矩阵分析、网络分析、叠图分析、灰色系统分析、层次分析、情景分析、专家咨询、压力—状态—响应分析等。

(二)环境影响的预测

环境影响的预测就是要对城市总体规划的要素进行深入分析,选择与规划方案性质、发展目标等相近的国内外同类型已实施的规划进行类比分析(对于已开发区域,可采用环境影响回顾性分析的资料),依据现状调查与评价的结果,同时考虑科技进步和能源替代等因素,结合不确定性分析设置的不同发展情景,估算城市总体规划实施以后会对环境产生的影响。具体内容包括以下几方面。

(1)预测不同的开发强度对城市环境(包括水环境、空气环境、土壤环境等)的影响,并分析预测其影响的程度与范围,评价经过城市总体规划中提出的实施工程后,城市的环境是否能得到改善,或者是否能满足相应功能区的要求。

(2)预测城市总体规划实施是否会对自然保护区、风景名胜区、资源生态敏感区、水源保护区等需要重点予以保护的区域产生影响,及其影响程度,分析是否需要采取相应措施对这些区域进行保护。

(3)预测城市总体规划的实施是否会对区域范围内的生态多样性产生影响,分析其影响程度,以便结合分析结果进一步完善城市总体规划方案中的生态布局,并尽可能对可能导致区域内生态多样遭到破坏的因素进行规避。

(4)预测当前城市环境可承受的能力,在充分考虑环境影响的情况下,动态分析不同规划时段可供规划实施利用的剩余资源承载能力、环境容量以及总量控制指标,重点判定区域资源环境对规划实施的支撑能力。

(5)分析和预测城市总体规划方案实施后可能产生的累积的环境影响,分析这些影响产生的条件、方式、途径等。

(三)规划方案的环境合理性论证

对规划方案的环境合理性进行论证就是要从规划的协调性、资源与环境承载力、环境管理和循环经济、环境影响以及拟采取的污染防治和生态保护措施的效果等角度进行综合论证,阐明规划目标、定位、布局、结构的合理性以及环境保护目标与评价指标的可达性,分析规划实施的经济效益、社会效益与环境效益之间以及当前利益与长远利益之间的关系。

具体来看,在分析规划方案的环境合理性时,一方面要综合分析规划实施可能造成的不良环境影响,所需要占用、消耗或依赖的环境资源条件,对其他相关部门、行业政策和规划实施造成的影响;另一方面要综合分析城市规划实施的各类影响,从能否满足人居环境质量、优化城市生态安全格局等方面综合论述规划方案的环境合理性。重点从规划的支撑能力,对区域生态结构和功能的影响,生态功能区划与景观生态格局的协调性,维护区域自然保护区、风景名胜区等重要生态功能区的功能,资源和能源消耗量大、污染物排放量高的行业规模与布局等方面分析规划的合理性。

第三节 城市总体规划实施的评价分析

一、城市总体规划实施评价的意义

城市总体规划实施评价是加强城市规划监督与管理的一项重要措施,通过这项措施,城市规划者和城市规划主管政府部门能够及时、准确、有效地把握城市规划情况,了解城市建设进度,明确城市建设是否与城市规划相一致。

同时,城市总体规划实施评价是伴随着城市总体规划的编制进行的,它有助于规划者和规划主管部门在图纸阶段便知道城市规划中存在的问题,并尽可能在早期采取一系列措施来解决这些问题。我们知道,城市总体规划是在城市建设之前编制的,由于规划的超前性和编制方人员的业务素养等问题,城市总体规划中难免会存在一些问题,这都属于正常现象。对规划实施情况进行评估的目的之一就是及时查找规划中亟待调整和改进的地方,使规划更加科学化,更好地指导城市发展。

二、城市总体规划实施评价的内容

(一)对规划目标的落实情况进行评价

对城市总体规划的实施情况进行评价,首先要对规划目标的落实情况进行评价。考虑到城市规划总体规划的实施一般是分阶段的,因此,这里对规划目标的落实情况进行评价也主要是对各阶段目标的落实情况进行评价,规划实施评价应对阶段性的重点建设项目、重要基础设施、重要产业布局、生态环境保护等内容进行全面评价,考察阶段性目标的落实情况。

(二)对城市发展方向和空间布局是否合乎规划进行评价

城市发展方向和空间布局是城市总体规划的重要内容,发展方向决定了空间布局,两者是否一致能够检验规划实施的效果。要根据总体规划提出的城市发展方向校对空间布局是否与发展方向一致,要根据一般每两年一次的城市空间发展轨迹判断城市阶段性发展方向,分析是否与总体规划一致。

(三)对规划决策的机制及其运行情况进行评价

规划委员会制度、信息公开制度以及公众参与制度等都是规划管理中必不可少的决策机制。规划委员会是政府授权的城市规划审议审查机构,负责对城市规划的重大问题进行科学民主决策,审议审查重大重要的规划设计和建设项目,规划委员会制度是深化规划管理体制改革的重要决策机制。信息公开制度是适应《行政许可法》要求,全面履行政务公开、阳光规划的重要审批机制。《中华人民共和国城乡规划法》还确立了公众参与城乡规划的法律地位,是我国城乡规划民主化、科学化的重大进步,也是公众参与民主形式法制化、程序化的重要进展,规划实施评价应对上述决策机制的建立和运行情况进行客观评价。

(四)对各项强制性内容的执行情况进行评价

根据《中华人民共和国城乡规划法》第十七条的相关规定,规划区范围、规划区内建设用地规模、基础设施和公共服务设施用地、水源地和水系、基本农田和绿化用地、环境保护、自然与历史文化遗产保护以及防灾减灾等内容,应当作为城市总体规划、镇总体规划的强制性内容。

规划实施评价应彻底全面地对上述强制性内容的执行情况进行评价,要将依法批准的城市总体规划中上述强制性内容与现状情况进行对照,客观评价各项强制性内容的执行情况。

(五)对相关政策对规划实施产生的影响进行评价

城乡规划是一项全局性、综合性、战略性的业务,涉及政治、经济、文化、社会、历史、自然、生态、技术等各个领域,这也是城乡规划的本质属性。因此,土地、交通、产业、环保、人口、财政、投资等相关政策对规划实施具有重要影响,规划实施评价应着重分析各相关政策对规划实施具体存在什么影响,与规划实施有何关系,政府如何才能处理好规划实施与相关政策之间的关系。

(六)对规划实施中存在的问题进行评价

规划实施评价应当全面分析规划实施过程中存在的主要问

题，重点分析规划实施评价主要内容涉及的问题。规划实施评价分析问题要全面深刻，不但要分析表面上的问题，更要分析深层次的问题。

(七)相关建议

针对实施评价的主要问题，有针对性地提出相应的建议，建议的提出应有助于提高规划实施效果，同时提出的建议还应具备可操作性。

三、城市总体规划实施评价的指标体系构建

根据住房和城乡建设部《城市总体规划实施评估办法(试行)》的相关内容，本着全面系统、重点突出、便于操作的原则，我们参考程道平在《现代城市规划》中的研究，初步构建了城市总体规划实施评价指标体系(表9-2)。

表9-2　城市总体规划实施评价指标体系[①]

评价内容领域	评价子项	评价指标
1.城市发展方向和空间布局是否与规划一致	城市发展方向与规划的一致性	1.发展方向与规划的吻合度 2.发展方向的明确程度
	城市空间布局与规划的一致性	1.城市形态与规划的吻合度 2.用地布局与规划的吻合度
2.规划阶段性目标的落实情况	人口规模目标落实程度	1.城市规划区人口规模落实程度 2.中心城区人口规模落实程度
	重点片区建设实施程度	1.重点片区建设落实情况满意度 2.重点片区建设与规划的吻合度
	重点项目建设实施程度	1.重点项目建设落实情况满意度 2.重点项目建设与规划的吻合度
	保障性住房建设落实程度	1.保障性住房建设落实情况满意度 2.保障性住房建设与规划的吻合度

---

① 程道平.现代城市规划[M].北京:科学出版社,2010:161—169.

续表

评价内容领域	评价子项	评价指标
3.各项强制性内容的执行情况	规划区范围	1.现状建设区与规划区的吻合度 2.超出规划区的建设区面积
	建设用地规模落实状况	1.现状建设用地规模 2.现状建设用地规模与规划建设用地规模差异率
	基础设施用地管理	1.道路用地落实率 2.市政公用设施用地落实率
	公共服务设施用地管理	1.各级商业服务业设施用地落实率 2.各级教育医疗体育设施用地落实率
	水源地和水系	1.城市水源地保护满意度 2.城市水系保护利用满意度
	基本农田和绿化用地	1.基本农田保护保证率 2.规划区绿化用地保证率
	环境保护	1.污水处理率 2.垃圾处理率
	自然与历史文化遗产保护	1.自然遗产保护满意度 2.历史文化遗产保护满意度
	防灾减灾	1.防灾工程建设满意度 2.防灾减灾措施满意度
4.规划决策机制的建立和运行情况	规划委员会制度落实情况	1.规划委员会人员构成情况满意度 2.规划委员会参与决策情况满意度
	信息公开制度执行满意度	1.项目审批公示满意度 2.相关规划公开满意度
	公众参与程度	1.向公众提供参与机会的程度 2.及时吸纳公众意见的程度

续表

评价内容领域	评价子项	评价指标
5.相关政策对规划实施的影响	土地政策	1.上级政府土地政策的影响度 2.本级政府土地政策的影响度
	产业政策	1.上级政府产业政策的影响度 2.本级政府产业政策的影响度
	交通政策	1.上级政府交通政策的影响度 2.本级政府交通政策的影响度
	环境政策	1.上级政府环境政策的影响度 2.本级政府环境政策的影响度
	人口政策	1.上级政府人口政策的影响度 2.本级政府人口政策的影响度
	财政政策	1.上级政府财政政策的影响度 2.本级政府财政政策的影响度
6.相关规划的制定情况	专业规划制定情况	1.专业规划制定数量完备度 2.专业规划制定质量满意度
	专项规划制定情况	1.专项规划制定数量完备度 2.专项规划制定质量满意度
	近期建设规划制定情况	1.近期建设规划科学合理性 2.近期建设规划可实施性
	控制性详细规划制定情况	1.控制性详细规划质量满意度 2.控制性详细规划覆盖率

第十章 低碳时代城市规划的管理探究

随着全球化、信息化、城市化、工业化等的不断推进,现代化成为新城市时代的主要趋向之一。城市的加速发展对国家经济转轨和社会转型起到巨大的作用,但同时,生态环境的破坏和为此付出的代价也极为巨大。因此,人们开始反思之前的建设理念并清醒地认识到工业文明的诸多弊病,如不可再生资源的紧缺,由此也就提出了"人与自然和谐共生"的生态文明价值观。现代城市规划管理的内外部环境日趋复杂化与多样化,为适应新环境的需要,城市规划管理势必也要贯彻低碳理念。

第一节 城市规划管理的体系分析

城市规划管理工作是城市规划工作不可分割的组成部分,是城市规划实施的必要保证,是一项政府职能,它不只是实施规划,还要协调好建设过程中的矛盾,处理好各方面的关系。有合理的、科学的、完善的城市规划,还必须配备强有力的规划管理队伍,要有完整的法规规章,以形成高效的城市规划管理体系。

一、城市规划管理的概念

有关城市规划管理的概念主要来源于《城市规划基本术语标准》(国家标准 GB/T 50280—98)第 3.0.16 条,即城市规划管理是城市规划编制、审批和实施等管理工作的统称。

城市是一个由多种物质要素构成的错综复杂、动态关联的巨大系统。环境的复杂性、文化的差异性、构成的多元性及市场的不确定性,使得全球化、信息化背景下的城市规划建设活动较之于国内其他活动来说更为困难。只有通过城市规划管理给予必要的组织、控制、引导和监督,才能编制好、实施好城市规划,才能使城市各种物质要素趋于和谐、平衡,并发挥巨大的整体效益。

二、城市规划管理的任务

城市规划管理作为一项行政管理工作,在 21 世纪城市可持续发展的战略过程中具有艰巨的任务,概括来说,这些任务主要包括以下几个方面。

第一,保障城市规划建设法律、法规的施行和政令的畅通。

第二,保障城市综合功能的发挥以促进经济、社会和环境的协调发展。

第三,保障公共利益和维护相关方面的合法权益。

第四,保障城市各项建设纳入城市规划的轨道以促进城市规划的实施。

三、城市规划管理系统

城市规划管理是一个系统,由决策系统(即城市规划的组织编制与审批管理)、执行系统(即城市规划的实施管理)以及反馈系统(即城市规划实施监督检查)三部分构成,是一个循环而闭合的系统工程。在城市规划管理过程中,决策系统、执行系统和反馈系统是一个首尾相顾、不断递进的过程,它们互相联系、互为影响,共同形成一种网络状态(图 10-1)。

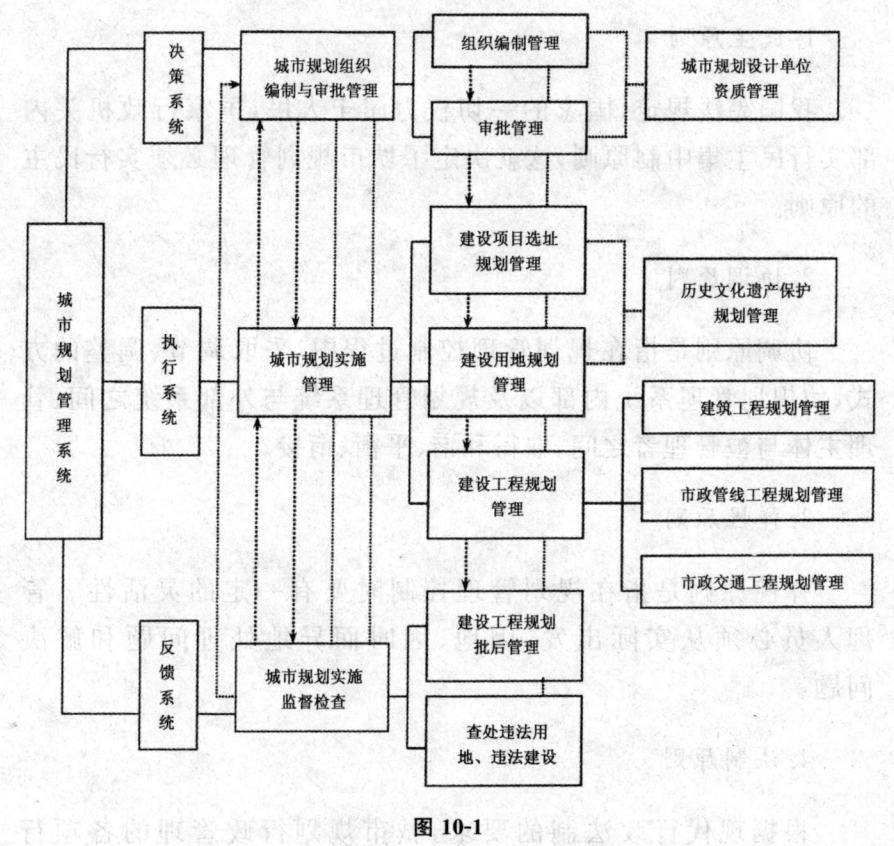

第十章 低碳时代城市规划的管理探究

图 10-1

四、城市规划管理的控制

对城市规划管理来说,控制就是规划管理人员对城市规划的编制、建设用地和各项建设活动是否符合城市规划要求及其法律规范进行制约、引导,并促使其达到管理目标,实现管理任务的过程。如果缺乏有效的规划管理控制,城市规划建设活动就可能出现各种各样的问题。

(一)城市规划管理控制的原则

城市规划管理控制的原则主要包括以下几个方面。

1. 民主原则

我国宪法规定,国家的一切权力属于人民,国家行政机关内部实行民主集中制原则,这就决定了城市规划管理必须实行民主的原则。

2. 协调原则

协调原则是指在规划管理控制过程中,采取调节、调整的方式,使规划管理系统内部以及规划管理系统与外部系统之间、管理主体与被管理者之间,取得和谐、平衡、衔接。

3. 弹性原则

弹性原则是指在规划管理控制时要有一定的灵活性。管理人员必须从实际出发,因地、因时而异地处理问题和解决问题。

4. 法制原则

根据现代行政法制的要求,城市规划行政管理的各项行为都要有法律的授权,必须依据法定范围、法定程序、法定责任的要求实行管理控制,这是规划科学合理性得以实现的必要条件。

5. 激励原则

激励原则是指在控制过程中,激发被管理者的积极性,鼓励其自觉地为实现规划管理目标做工作。

(二)城市规划管理的控制过程

城市规划管理的控制过程一般被划分为事前控制、事中控制和事后控制三个阶段(图10-2)。

第十章 低碳时代城市规划的管理探究

```
         城市规划管理的控制过程
        ┌────────┬────────┐
        │        │        │
       事前      事中      事后
       控制      控制      控制
```

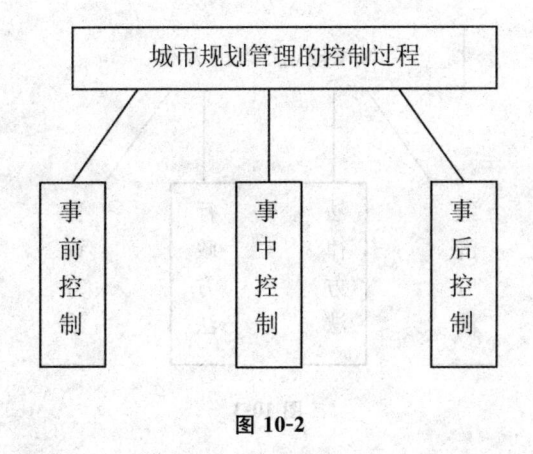

图 10-2

1. 事前控制

事前控制即是对城市规划项目或者是建设用地、建设工程项目的批前控制。

2. 事中控制

事中控制是指对城市规划管理审批的过程控制。

3. 事后控制

事后控制一般特指对城市规划实施后的监督检查。

在城市规划管理的过程中,事前控制和事中控制是预防式的控制过程,它们对顺利实现未来城市的发展目标意义重大。任何的管理个人或组织都必须认识和重视这一点。

五、城市规划管理的方法

城市规划管理的方法有很多,一般来说,主要有以下几种(图10-3)。

```
             城市规划管理的方法
        ┌────────┬────────┬────────┐
      经济方法  法律方法  行政方法  咨询方法
```

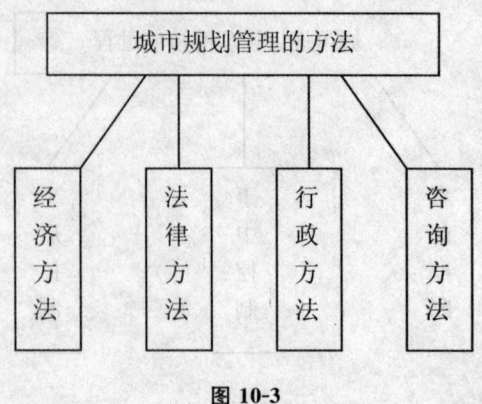

图 10-3

(一) 经济方法

经济方法就是通过经济杠杆,运用价格、税收、奖励、罚款等经济手段,按照客观经济规律的要求来进行规划管理,其核心或实质就是从物质利益的角度来处理政府、企事业或集体、个人等各种经济关系。其根本目的是为城市的高效率运行提供经济上的动力。在城市规划管理中,必须自觉利用经济杠杆这只"看不见的手",来间接地协调各方面的关系,从而使城市社会、经济、规模和发展速度等朝着城市规划目标实现的方向变化。

(二) 法律方法

城市规划管理的法律方法,从其内涵讲,就是通过《城市规划法》及其相关的法律、法规、规章和各种类似法律性质的规范、标准,规范城市规划编制和各项建设行为,有效地进行管理;从其外延看,其管理范围限于法律规范的一定范围,它只适用于处理某些共性的问题,而不适宜于处理特殊的、个别的问题。城市规划管理的法律方法具有强制性、权威性和直接性的特点。

(三) 行政方法

行政方法是城市规划行政主管部门依靠行政组织被授予的权力,运用权威性的行政手段采取命令、指示、规定、制度、计划、标准、工作程序等行政方式来组织、指挥、监督城市规划的编制、城市建设使用土地和各类建设活动。

(四)咨询方法

咨询方法是指城市规划管理部门采用咨询的方法,吸取智囊团或各类现代化咨询机构专家们的集体智慧,帮助政府领导对城市的建设和发展,或帮助开发建设单位对各项开发建设活动进行决策的一种方式。在现代城市规划管理中,咨询方法能够帮助政府领导或开发建设单位决策,能够减少决策的失误或避免大的失误,能够集思广益,能够较准确地表达社会的需要,能够科学确定发展目标和实施对策,从而取得尽可能大的综合效益。

第二节 城市规划的行业管理

城市规划的行业管理主要包括城市规划编制单位资质管理及注册城市规划师职业资格管理等,本节主要对这两方面内容进行简要阐述。

一、城市规划编制单位资质管理

2001年1月23日,建设部发布了《城市规划编制单位资质管理规定》(建设部第84号令)。该文件规定,从事城市规划编制的单位,应当取得《城市规划编制资质证书》(以下简称《资质证书》),并应当在《资质证书》规定的业务范围内承担城市规划编制业务。委托编制规划,应当选择具有相应资质的城市规划编制单位。国务院城市规划行政主管部门负责全国城市规划编制单位的资质管理工作。县级以上地方人民政府城市规划行政主管部门负责本行政区域内城市规划编制单位的资质管理工作。

（一）资质等级与标准

城市规划编制单位资质分为甲、乙、丙三级。

1. 甲级城市规划编制单位资质标准

（1）具备承担各种城市规划编制任务的能力。

（2）具有高级技术职称的人员占全部专业技术人员的比例不低于20%，其中高级城市规划师不少于4人，具有其他专业高级技术职称的不少于4人（建筑、道路交通、给排水专业各不少于1人）；具有中级技术职称的城市规划专业人员不少于8人，其他专业（建筑、道路交通、园林绿化、给排水、电力、通讯、燃气、环保等）的人员不少于15人。

（3）达到国务院城市规划行政主管部门规定的技术装备及应用水平考核标准。

（4）有健全的技术、质量、经营、财务管理制度并得到有效执行。

（5）注册资金不少于80万元。

（6）有固定的工作场所，人均建筑面积不少于 $10m^2$。

2. 乙级城市规划编制单位资质标准

（1）具备相应的承担城市规划编制任务的能力。

（2）具有高级技术职称的人员占全部专业技术人员的比例不低于15%，其中高级城市规划师不少于2人，高级建筑师不少于1人、高级工程师不少于1人；具有中级技术职称的城市规划专业人员不少于5人，其他专业（建筑、道路交通、园林绿化、给排水、电力、通讯、燃气、环保等）人员不少于10人。

（3）达到省、自治区、直辖市城市规划行政主管部门规定的技术装备及应用水平考核标准。

（4）有健全的技术、质量、经营、财务、管理制度并得到有效执行。

(5)注册资金不少于50万元。

(6)有固定工作场所,人均建筑面积不少于10m²。

3.丙级城市规划编制单位资质标准

(1)具备相应的承担城市规划编制任务的能力。

(2)专业技术人员不少于20人,其中城市规划师不少于2人,建筑、道路交通、园林绿化、给排水等专业具有中级技术职称的人员不少于5人。

(3)有健全的技术、质量、财务、行政管理制度并得到有效执行。

(4)达到省、自治区、直辖市人民政府城市规划行政主管部门规定的技术装备及应用水平考核标准。

(5)注册资金不少于20万元。

(6)有固定的工作场所,人均建筑面积不少于10m²。

(二)编制单位的业务范围

甲级城市规划编制单位承担城市规划编制任务的范围不受限制。

乙级城市规划编制单位可以在全国承担下列任务。

(1)20万人口以下城市总体规划和各种专项规划的编制(含修订或者调整)。

(2)详细规划的编制。

(3)研究拟定大型工程项目规划选址意见书。

丙级城市规划编制单位可以在本省、自治区、直辖市承担下列任务。

(1)建制镇总体规划编制和修订。

(2)20万人口以下城市的详细规划的编制。

(3)20万人口以下城市的各种专项规划的编制。

(4)中、小型建设工程项目规划选址的可行性研究。

具有甲、乙、丙级资质的城市规划编制单位均可编制集镇和村庄规划。

(三)资质申请与审批

1. 资质申请

申请城市规划编制资质的单位,应当提出申请,填写《资质证书》申请表。乙、丙级城市规划编制单位,取得《资质证书》至少满3年并符合城市规划编制资质分级标准的有关要求时,方可申请高一级的城市规划编制资质。

2. 资质审批

申请甲级资质的,由省、自治区、直辖市人民政府城市规划行政主管部门初审,国务院城市规划行政主管部门审批,核发《资质证书》。

申请乙级、丙级资质的,由所在地市、县人民政府城市规划行政主管部门初审,省、自治区、直辖市人民政府城市规划行政主管部门审批,核发《资质证书》,并报国务院城市规划行政主管部门备案。

3. 资质变更

城市规划编制单位撤销或者更名,应当在批准之日起30日内到发证部门办理《资质证书》注销或者变更手续。

城市规划编制单位合并或者分立,应当在批准之日起30日内重新申请办理《资质证书》。

4. 资质证书的补发、换发和法律效力

城市规划编制单位遗失《资质证书》,应当在报刊上声明作废,向发证部门提出补发申请。

《资质证书》有效期为6年,期满3个月前,城市规划编制单位应当向发证部门提出换证申请。

《资质证书》分为正本和副本,正本和副本具有同等法律效力。《资质证书》由国务院城市规划行政主管部门统一印制。

(四)监督管理

1.资质的备案

甲、乙级城市规划编制单位跨省、自治区、直辖市承担规划编制任务时,取得城市总体规划任务的,向任务所在地的省、自治区、直辖市人民政府城市规划行政主管部门备案;取得其他城市规划编制任务的,向任务所在地的市、县人民政府城市规划行政主管部门备案。

两个以上城市规划编制单位合作编制城市规划时,有关规划编制单位应当按照第二十条的规定共同向任务所在地相应的主管部门备案。

2.资质年检

发证部门或其委托的机构对城市规划编制单位实行资质年检制度。城市规划编制单位未按照规定进行年检或者资质年检不合格的,发证部门可以责令其限期办理或者限期整改,逾期不办理或者逾期整改不合格的,发证部门可以公告收回其《资质证书》。

3.业务监管

甲、乙级城市规划编制单位跨省、自治区、直辖市设立的分支机构中,凡属独立法人性质的机构,应当申请《资质证书》。非独立法人的机构,不得以分支机构名义承揽业务。

禁止转包城市规划编制任务。

禁止无《资质证书》的单位和个人以任何名义承接城市规划编制任务。

城市规划编制单位编制城市规划以及所提交的规划编制成

果,应当符合国家有关城市规划的法律、法规和规章,符合与城市规划编制有关的标准、规范。

城市规划编制单位提交的城市规划编制成果,应当在文件扉页注明单位资质等级和证书编号。

县级以上地方城市人民政府城市规划行政主管部门,对城市规划编制单位提交的不符合质量要求的规划编制最终成果,应当责令有关规划编制单位按照要求进行修改或者重新编制。

(五)相关法律责任

无《资质证书》单位承担城市规划编制业务的,由县级以上地方人民政府城市规划行政主管部门责令其停止编制,对其规划编制成果不予审批,并处1万元以上3万元以下的罚款。

城市规划编制单位超越《资质证书》范围承接规划编制任务,县级以上地方人民政府城市规划行政主管部门给予警告,情节严重的,由发证部门公告《资质证书》作废,收回《资质证书》。

甲、乙级城市规划编制单位跨省、自治区、直辖市承担规划编制任务未按规定备案的,任务所在地的省、自治区、直辖市人民政府城市规划行政主管部门给予警告,责令其补办备案手续,并处1万元以上3万元以下的罚款。

城市规划行政主管部门的工作人员在城市规划编制单位资质管理工作中玩忽职守、滥用职权、徇私舞弊的,给予行政处分;构成犯罪的,依法追究刑事责任。

(六)甲级资质单位技术装备及应用水平

为贯彻落实《城市规划编制单位资质管理规定》,建设部于2001年6月6日下发了《甲级城市规划编制单位技术装备及应用水平的基本要求》(建规〔2001〕112号)。总体分为技术装备、计算机应用水平两大要求。

1. 技术装备

(1)硬件:从事规划编制的专业技术人员的计算机普及率要

达到100％,即"人手一机",管理部门的普及率要达到60％,计算机的配置应能满足工作需要。输入设备应有数字化仪(AO)或扫描仪。网络系统应比较完善,实现数据交换和计算机资源共享。

(2)软件:进行规划编制、设计应有计算机辅助设计(CAD)软件或地理信息系统(GIS)软件,以适应各类规划任务的要求。管理部门应有办公系统(Office)软件和相关业务的软件。

2.计算机应用水平

(1)专业技术人员:每个专业技术人员应有独立应用CAD或GIS软件进行规划设计和应用Office软件的能力,部分专业技术人员可以编制小型计算机辅助规划设计程序。

(2)管理部门人员:应能独立使用Office软件,并能使用相关软件完成本职工作。

(3)规划成果:规划成果应100％由计算机绘制。规划成果除普通归档外,还应进行电子归档。

二、注册城市规划师职业资格管理

国家对注册城市规划师职业资格管理方面,执行执业资格制度、登记制度、继续教育制度。

(一)注册城市规划师执业资格制度

人事部和建设部于1999年4月7日发布了《注册城市规划师执业资格制度暂行规定》(人发〔1999〕39号)。注册城市规划师是指通过全国统一考试,取得注册城市规划师执业资格证书,并经注册登记后从事城市规划业务工作的专业技术人员。注册城市规划师执业资格制度属职业资格证书制度范畴,纳入专业技术人员执业资格制度的统一规划,由国家确认批准。凡城市规划部门和单位,应在关键岗位配备注册城市规划师。

人事部、建设部共同负责全国城市规划师执业资格制度的政策制定、组织协调、资格考试、注册登记和监督管理工作。

1. 注册规划师考试

注册城市规划师执业资格考试实行全国统一大纲、统一命题、统一组织的办法。原则上每年举行一次。凡中华人民共和国公民，遵纪守法并具备以下条件之一者，可申请参加注册城市规划师执业资格考试。

(1)取得城市规划专业大专学历，并从事城市规划业务工作满6年。

(2)取得城市规划专业大学本科学历，并从事城市规划业务工作满4年；或取得城市规划相近专业大学本科学历，并从事城市规划业务工作满5年。

(3)取得通过评估的城市规划专业大学本科学历，并从事城市规划业务满3年。

(4)取得城市规划相近专业硕士学位，并从事城市规划业务满3年。

(5)取得城市规划专业硕士学位或相近专业博士学位，并从事城市规划业务工作满2年。

(6)取得城市规划专业博士学位，并从事城市规划业务工作满1年。

(7)人事部、建设部规定的其他条件。

通过考试取得注册城市规划师执业资格的专业技术人员，单位可根据工作需要聘任相应的中级专业技术职务。

2. 注册规划师注册

建设部及各省、自治区、直辖市规划行政主管部门负责注册城市规划师的注册管理工作。

各级人事部门对注册城市规划师的注册情况有检查、监督的责任。

取得注册城市规划师执业资格证书申请注册的人员，可由本人提出申请，经所在单位同意后报所在地省级城市规划行政主管

第十章 低碳时代城市规划的管理探究

部门审查,统一报建设部注册登记。

经批准注册的申请人,由建设部核发《注册城市规划师注册证》。

再次注册者,应经单位考核合格并有参加继续教育、业务培训的证明。

注册城市规划师每次注册有效期为3年。有效期满前3个月,持证者应当重新办理注册登记。

注册城市规划师有下列情况之一的,其所在单位应及时向所在省级城市规划行政主管部门报告,有关的省级城市规划行政主管部门必须及时向建设部办理撤销注册手续:完全丧失民事行为能力的;受到刑事处罚的;脱离注册城市规划师岗位连续2年以上;因在城市规划工作中的失误造成损失,受到行政处罚或者撤职以上行政处分的。

被撤销注册的当事人对撤销注册有异议的,可以在接到撤销注册通知之日起15日内向建设部申请复议。

3. 注册规划师的权利和义务

注册城市规划师应严格执行国家有关城市规划工作的法律、法规和技术规范,秉公办事,维护社会公众利益,保证工作成果质量。注册城市规划师对所经办的城市规划工作成果的图件、文本以及建设用地和建设工程规划许可文件有签名盖章权,并承担相应的法律和经济责任。

注册城市规划师有权对违反国家有关法律、法规和技术规范的要求及决定提出劝告,并可在拒绝执行的同时向上级城市规划部门报告。注册城市规划师应保守工作中的技术和经济秘密。

注册城市规划师不得同时受聘于两个或两个以上单位执行城市规划业务。不得准许他人以本人名义执行业务。

(二)注册规划师登记制度

2003年3月10日建设部发布了《注册城市规划师注册登记

办法》（建规〔2003〕47号），于2003年5月1日施行。"注册登记"是指经全国注册城市规划师执业资格考试合格取得注册城市规划师执业资格证书的人员，向具有批准权的注册登记机构申请，经注册登记机构审查、登记、批准，核发注册城市规划师注册登记证件的行为。只有经注册登记的人员，方能使用注册城市规划师的称谓。

国务院建设行政主管部门负责全国注册城市规划师的注册登记管理工作，具体工作委托全国城市规划执业制度管理委员会（以下简称国家注册机构）负责，其办事机构设在建设部执业资格注册中心。

省、自治区人民政府建设行政主管部门、直辖市人民政府城市规划行政主管部门负责本行政区域内注册城市规划师的注册登记初审工作，具体工作可指定一个注册管理机构（以下简称省级注册机构）负责。

取得注册城市规划师执业资格证书的人员，只能在城市规划编制、审批、实施管理、政策法规研究制定，城市规划技术咨询及城市综合开发策划等其中一个单位，办理注册登记申请。

从事城市规划管理工作，符合注册登记条件，可申请领取《注册城市规划师登记证》（以下简称《登记证》）；在城市规划编制、咨询等机构工作，符合注册登记条件，可申请领取《注册城市规划师注册证》（以下简称《注册证》）。因工作变动，《登记证》《注册证》可以进行变更转换。

注册城市规划师在注册登记有效期内，有下列情形之一者可申请变更注册登记：在注册有效期内离、退休且所在单位不再聘用；所在单位发生重大变化；工作调动。

跨省、自治区、直辖市变更注册登记按下列程序办理。

第一，申请人填写由国家注册机构统一制定的注册城市规划师变更注册登记申请表（一式两份）。

第二，调出单位同意并在变更注册登记申请表上加盖公章，报送所在地的省级注册机构。

第三，调出单位的省级注册机构在变更注册登记申请表上加盖公章，交还申请人。

第四，申请人向调入单位提交变更注册登记申请表。

第五，调入单位同意并加盖公章，报送所在地的省级注册机构。

第六，调入单位的省级注册机构在变更注册登记申请表上加盖公章，报送国家注册机构核准，并换发《登记证》或《注册证》。

第七，国家注册机构将加盖公章后的变更注册申请表返回省级注册机构1份存档。

本地区变更注册按下列程序办理。

第一，申请人填写注册城市规划师变更注册申请表（一式两份）。

第二，调出单位和调入单位均表示同意，并在变更注册申请表上加盖公章，报送所在地的省级注册机构。

第三，省级注册机构在变更注册申请表上加盖公章，报送国家注册机构核准，并换发《登记证》或《注册证》。

第四，国家注册机构将加盖公章后的变更注册申请表返回省级注册机构1份存档。

注册城市规划师有下列情况之一的，由国家注册机构撤销其注册登记，公告收回《登记证》或《注册证》。

第一，完全丧失民事行为能力的。

第二，受刑事处罚的。

第三，死亡或者失踪的。

第四，脱离注册城市规划师业务连续两年以上的。

第五，严重违反职业道德的。

第六，在城市规划工作中有严重过失并造成严重后果的。

第七，按照有关规定，应当撤销注册登记的其他情形。

拟被撤销注册登记的人员在公示期间可以向国家注册机构或建设行政主管部门进行申诉。

(三)注册规划师继续教育制度

2006年3月27日,全国城市规划执业制度管理委员会发布了《注册城市规划师继续教育实施办法(暂行)》(注规〔2006〕2号)。参加和接受继续教育是专业技术人员的权利和义务。凡通过注册城市规划师注册或登记的人员以及延时申报注册登记的人员均应参加继续教育,完成规定的学时。

全国城市规划执业制度管理委员会(以下简称全国管委会)负责全国注册城市规划师继续教育的组织、管理工作;制定继续教育必修课的教学大纲及教学计划,组织编写、审查教材;组织必修课的师资培训。各省、自治区、直辖市城市规划执业制度管理部门(以下简称省级主管部门)负责本地区注册城市规划师继续教育的组织、管理工作,制定继续教育选修课的课程计划及落实必修和选修课的培训工作。

注册城市规划师每年参加继续教育的时间累计不得少于40学时,3年注册登记有效期内不得少于120学时,其中40学时为必修,80学时为选修,可一次计算,也可累计计算。

全国管委会负责统一印制《注册城市规划师继续教育登记手册》,由各省级主管部门发放。注册城市规划师继续教育培训考核合格后,省级主管部门须在手册相应栏目中填写内容并盖章;等同于选修内容的论文、著作,由各省级主管部门审核后,填入继续教育手册;专业学术会议、学术年会由举办单位出具证明,由各省级主管部门核准,填入继续教育手册;参加考题设计和阅卷工作人员以及负责有关注册城市规划师执业制度政策标准的制定和参加注册城市规划师执业资格考试指定参考教材编写的人员由全国管委会办公室统一出具证明,由各省级主管部门核准,填入继续教育手册。各省级主管部门必须加强对继续教育培训机构的管理,定期进行教学质量检查、评估。

第三节 城市规划的实施管理

城市规划实施管理是指城市规划管理部门依据法律规范和制定的城市规划,对城市规划区内建设用地和建设项目进行审查,并核发规划许可的行政管理工作,对于城市总体规划有着非常重要的意义。本节将对城市规划实施管理的内涵和具体的工作内容进行阐述。

一、城市规划实施管理的内涵

(一)城市规划实施管理的概念

城市规划实施管理是一种行政管理,具有一般行政管理的特点。它是以实施城市规划为目标,行使行政权力的过程和形式。具体地说,就是城市规划行政主管部门依据经法定程序批准的城市规划和相关法律规范,通过行政的、法制的、经济的和社会的管理手段,对城市土地的使用和各项建设活动进行控制、引导、调节和监督,使之纳入城市规划的轨道。

城市规划实施管理应重点把握好以下关系:一是规划的严肃性和实施环境的多变性、复杂性的关系;二是公共利益与局部利益的关系;三是近期建设和远期发展的关系;四是促进经济发展与保护历史文化遗产的关系。

(二)城市规划实施管理的特征

城市规划管理具有综合性、整体性、系统性、时序性、地方性、政策性、技术性、艺术性等诸多特点。管理工作中需要特别注意的是以下一些特性。

(1)就管理的职能而言,城市规划实施管理具有服务和制约的双重属性。社会主义国家行政机关的职能是建设和完善社主义制度,规划管理作为一项城市政府职能,其管理目标也是为社会主义建设服务,为人民服务。城市是经济和社会发展的产物。只有生产发展了,经济繁荣了,文化和科学技术进步了,城市本身才能得以不断发展。因此,规划管理必须适应经济和社会发展的需要。认识规划管理具有服务和制约的双重属性的目的是,规划管理人员必须树立服务的思想,把服务放在首位,制约也是为了更好的服务。强调服务当先,管在其中。

(2)就管理的内容而言,城市规划实施管理具有专业和综合的双重属性。城市管理内容涉及户籍、交通、市容卫生、环境保护、消防、绿化、文物保护、土地利用、房屋建设等内容。城市规划管理只是其中的一个方面,是一项专业的技术行政管理。但它又和上述其他管理相互联系,相互交织在一起,大量的管理中的实际问题都是综合性问题。

(3)就管理的过程而言,规划管理具有管理阶段性和发展长期性的双重属性。通过对城市进行建设和改造来对城市的布局结构和形态进行改变是需要一个长期的过程的,不可能在短期内完成。这个改变的速度不仅要与经济和社会的发展速度相适应,而且要和当时所能够提供的财力、人力和物力有所衔接。因此,我们说实施规划管理具有历史阶段性。同时,由于经济和社会是处于一个不断发展变化的状态,规划管理在一定历史条件下确定的建设用地和建设工程,随着时间的推移和数量的积累,必然对城市的未来发展产生影响。规划管理的实施必须体现城市发展的持续性和长期性要求。

(三)城市规划实施管理的意义

1. 城市规划管理是城市规划的具体化

以实施城市规划为基本任务的规划管理工作,在宏观和微观两个层面上都具有重要作用。

在宏观层面上,城市规划的实施是一项在空间和时间上浩大的系统工程,是政府意志的体现。党的领导和政治、经济因素起着主导的作用。规划管理必须遵循党和政府制定的路线、方针、政策和一系列原则。例如,勤俭建国的方针,环境保护的方针,节能减排的方针,保护历史文化遗产的方针,合理用地、节约用地的原则,适用、经济的原则,经济、社会和环境效益相统一的原则,统一规划、合理布局、综合开发、配套建设的原则等,这些方针、原则是编制城市规划和实施城市规划都必须遵循的。

在微观层面上,城市规划管理是正确地指导城市土地使用和各项建设活动。建设用地的选址,市政管线工程的选线,必须符合城市规划布局的要求,必须符合城市规划对各项建设的统筹安排。不论地区开发建设还是单项工程建设,必须符合详细规划确定的用地性质和用地指标、建筑容量、建筑密度等各项技术指标要求以及道路红线控制要求,使各项建设按照城市规划要求实施。

城市规划实施同时也受到各种因素和条件的制约,因此必须协调处理好各种各样的问题。由于各种因素和条件的发展、变化,在实施城市规划过程中,通过管理还要对城市规划在允许范围内进行调整、补充、优化。规划管理的实践过程也是规划不断完善、深化的过程,规划管理既是实施规划,也对规划作必要的信息反馈,使新一轮规划的编制日趋完善。

2. 城市规划管理是城市政府职能的体现

政府代表了公众的意志,具有维护公共利益、保障法人和公民的合法权益、促进建设发展的职能。各项建设涉及方方面面的问题和要求。城市规划管理是一项综合性很强的工作。在管理活动中涉及的不仅是城市规划的问题,还有土地、房屋产权、其他城市管理方面的要求、相邻单位和居民的权益等。这就要求在规划管理中依法妥善处理相关问题,综合消防、环保、卫生防疫、交通管理、园林绿化等有关管理部门的要求,维护社会的公共安全、公共卫生、公共交通,改善市容景观,防止个人和集体利益损害公众利益。城市政府通过规划管理对各项建设给予必要的制约和监督，促进各项建设协调地发展。

二、城市规划实施管理的工作内容

城市规划实施管理的工作内容是由城市规划实施要求与所决定的，主要包括以下三个方面的内容。

（一）建设项目选址意见书规划管理

建设项目选址意见书的规划管理主要有以下内容。

1. 建设项目选址审核内容规划管理

根据《中华人民共和国城乡规划法》、建设部发布的《建设项目选址管理办法》中相关法律规范规定，以及依法制定的城市规划，建设项目选址管理应审核以下内容。

(1)经批准的项目建议书以及规定的其他申请条件。

(2)建设项目基本情况。

(3)建设项目与城市规划布局的协调。

(4)建设项目与城市交通、通信、能源、市政、防灾规划的衔接与协调。

(5)建设项目配套的生活设施与城市居住区及公共服务设施规划的衔接与协调，既有利生产，又方便生活。

(6)建设项目对于城市环境可能造成的污染或破坏，以及与城市环境保护规划和风景名胜、文物古迹保护规划、城市历史文化区保护规划等相协调。

(7)其他规划要求。

2. 建设项目选址规划管理程序

(1)申请程序。

(2)审核程序。程序性审核。即审核申请人是否符合法定资格，申请事项是否符合法定程序和法定形式，申请所附的图纸、资料是否完备等。实质性审核。应根据有关部门法律规范和依法制定的城市规划所申请的选址提出审核意见。

(3)颁布程序。城市规划行政主管部门应在规定的时限内，对选址申请给予答复。

(二)建设用地规划许可证规划管理

建设用地规划管理是城市规划实施管理的核心。

1.建设用地审核内容规划管理

根据《中华人民共和国城乡规划法》、《城市国有土地使用权出让转让规划管理办法》第五条以及新修订的《建设项目用地预审管理办法》，建设用地规划管理的审核内容如下。

(1)审核建设用地必备文件：国家批准建设项目的有关文件(指国家和政府投资的建设项目)。建设项目用地预审意见(是指城市人民政府土地行政主管部门在建设项目可行性研究阶段，依法对建设项目涉及土地利用的事项进行审查而出具的书面意见材料)。附具城市规划行政主管部门提出的规划设计条件及图件的土地出让合同。

(2)提供建设用地规划设计条件。规划设计条件既是建设工程设计的规划依据，也是建设用地的规划要求。一般情况下，规划设计条件也是控制性详细规划确定的内容。但为了提高工作效率，往往在建设项目选址意见书中提供规划设计条件。规划设计条件主要包括核定土地使用规划性质、核定容积率、核定建筑密度、核定建筑高度、核定基地主要出入口和绿地比例、核定土地使用其他规划要求。

(3)审核建设工程总平面，确定建设用地范围。

(4)城市用地的调整。用地调整是城市人民政府从国民经济和城市发展的大局出发，保证城市规划实施所采取的必要措施。

(5)临时用地的审核。任何单位和个人需要在城市规划区内临时使用土地都应当征得城市规划行政主管部门同意，使用期限一般不得超过两年，到期后收回，不得影响城市规划的实施。

(6)地下空间的开发利用。
(7)对改变地形、地貌活动的控制。

2. 建设用地程序规划管理

(1)申请程序。

(2)审核程序。城市规划行政主管部门分别进行程序性和实质性的审核。程序性审核,主要审核建设单位申请建设用地规划许可证的各项文件、资料、图纸是否完备。实质性审核,主要审核建设工程总平面图,确定建设用地范围。对于一般的建设工程,为提高工作效率,往往对其设计方案一并审核。

(3)核发程序。经城市规划行政主管部门审核同意的向建设单位核发建设用地规划许可证及其附件。

(三)建设工程规划许可证的管理

建设工程规划许可证是城市规划主管部门依法核发的有关建设工程的法律凭证。

1. 建设工程规划管理的审核内容

建设工程类型繁多,性质各异,归纳起来一般分为建筑工程、市政管线工程和市政道路工程三大类。这三类工程形态不同,特点不同,规模也不一样,其审批、审核的内容也有所不同。表10-1就地区开发建筑工程、单项建筑工程、市政管线工程和市政交通工程的规划审核内容进行了区分。

表10-1 部分建设工程规划审核内容区分

工程形态	审核内容
地区开发建筑工程	修建性详细规划、施工地块的建筑工程,以及相关的许可证
单项建筑工程	建筑物使用性质的控制;建筑容积率、建筑密度和建筑高度的控制;建筑间距的控制;建筑退让的控制;无障碍设施的控制;建筑基地其他相关要素的控制;建筑空间环境的控制;综合有关专业管理部门的意见;临时建设的控制

第十章 低碳时代城市规划的管理探究

续表

工程形态	审核内容
市政交通工程	地面道路(公路)工程的规划控制;高架市政交通工程的规划控制;地下轨道交通工程的规划控制等
市政管线工程	管线的平面布置;管线的竖向布置;管线敷设与行道树、绿化的关系;管线敷设与市容景观的关系;综合相关管理部门的意见等

2.建设工程程序规划管理

(1)申请程序。建设单位或个人的申请是城市规划行政主管部门的核发规划许可的前提。申请人要获得规划许可必须先向城市规划行政主管部门提出书面申请。

(2)审核程序。城市规划行政主管部门收到建设单位或个人的规划许可申请后,应在法定期限内对申请人的申请及所附材料、图纸进行审核。审核包括程序性审核和实质性审核两个方面:程序性审核即审核申请人是否符合法定资格,申请事项是否符合法定程序和法定形式,申请材料、图纸是否完备等。实质性审核针对申请事项的内容,依据城市规划法律规范和按法定程序批准的城市规划,提出审核意见。

(3)颁发程序。颁发机关应该做到以下两点:颁发规划许可证要有时限;经审查认为不合格并决定不予许可的,应说明理由,并给予书面答复。

(4)变更程序。在市场经济条件下,土地转让、投资主体的变化是经常发生的,由此也经常引起建设工程规划许可证的变更,只要其土地转让、投资行为合法,且又遵守城市规划及其法律规范,应该允许其变更。

(5)程序的精简和增加。

第四节 城市规划的监督检查管理

当前城市规划监督仅仅局限于城市规划实施的监督检查这一事后监督方式,而对事前、事中监督则基本处于缺位状态。因此必须对城市监督进行重新定位,实现全过程和全方位的监督。针对快速城市化进程中城市规划行政执法难的问题,把城市规划行政执法纳入城市管理综合执法中,实现了城市规划执行与监督的部分分离,这应该是城市规划监督方面的一个有益的尝试。这种尝试还远远不能解决城市规划监督机制不健全的问题,必须从健全城市规划监督体系(监督权外移、纵向监督、外部监督和协同监督)、全程监督、程序控制和责任追究制度等方面完善城市规划监督机制。其中公众参与机制则显得尤为重要。

一、城市规划的监督制度

城市规划的监督检查包括以下三大方面。

(一)城市规划主管部门的监督检查

(1)城市规划行政主管部门对于在城市规划区内使用土地和进行各项建设的申请,都要严格验证其中申报条件(包括各类文件和图纸)是否符合法定要求,有无弄虚作假的情况等。对于不符合要求的申请,要及时退回,不予受理。

(2)建设单位或个人在领取建设用地规划许可证并办理土地的征收或划拨手续后,城市规划行政主管部门要进行复验,如有关用地的坐标、面积等与建设用地规划许可证规定不符,城市规划行政主管部门应责令其改正或重新补办手续,否则对其建设工程不予审批。

(3)建设单位或个人在领取建设工程规划许可证件并放线后,要自觉接受城市规划行政主管部门的检查,即履行验线手续,若其坐标、标高、平面布局形式等与建设工程规划许可证件的规定不符，城市规划行政主管部门就应责令其改正，否则有关建设工程不得继续施工，并可给予必要的处罚。

(4)建设单位或个人在施工过程中，城市规划行政主管部门有权对其建设活动进行现场检查。被检查者要如实介绍情况和提供必要的资料。如果发现违法占地和违法建设活动，城市规划行政主管部门要及时给予必要的行政处罚。在检查过程中，城市规划行政主管部门有责任为被检查者保守技术秘密和业务秘密。

(5)城市规划行政主管部门应当参加城市规划区内对城市规划有重要影响的建设工程验收。检查建设工程的平面布置、空间布局、立面造型、使用功能等是否符合城市规划设计要求。如果发现不符，就视情况提出补救和修改措施，或给予必要的行政处罚。

(二)立法机构的监督检查

(1)市(县)级人民政府在向上级人民政府报请审批已经编制完成或修改后的城市总体规划前，必须报经同级人民代表大会或其常务委员会审查同意。对于审查中提出的问题和意见，城市人民政府有责任给予明确的解释或做出相应的修改与完善。

(2)城市人民代表大会或其常务委员会有权对城市规划的实施情况进行定期或不定期的检查。就实施城市规划的进展情况，城市规划实施管理的执法情况提出批评和意见，并督促城市人民政府加以改进或完善。城市人民政府有义务在任期内全面检查城市规划的实施情况，并向同级人民代表大会或其常务委员会提出工作报告。

(三)社会公众的监督检查

(1)城市规划行政主管部门有责任将城市规划实施管理过程中的各个环节予以公开，接受社会对其执法的监督。

(2)城市中一切单位和个人对于违反城市规划的行为和随意

侵犯其基本权利的行为，有监督、检举和控告的权利。城市规划行政主管部门应当制定具体办法，保障公民的监督权，并及时对检举和控告涉及的有关违法行为进行查处。

二、城市规划监督检查管理业务基本流程

（一）政府监督管理业务基本流程

政府监督检查管理分为部级城市规划监督管理、省级城市规划监督管理和市级城市规划监督管理三个层次。城市规划部门每年应将城市规划实施情况分别向同级人民代表大会常务委员会报告；下级城市规划部门应将城市规划实施和管理工作向上级城市规划部门提出报告。

政府城市规划监督管理业务基本流程如图10-4所示。

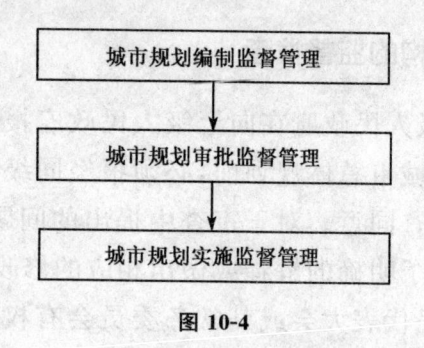

```
城市规划编制监督管理
      ↓
城市规划审批监督管理
      ↓
城市规划实施监督管理
```

图 10-4

1. 城市规划编制监督管理

城市规划编制监督管理中，要点包括城市规划编制项目立项是否符合城市规划编制立项的程序，城市规划编制单位资质是否复合《城市规划编制资质管理规定》第五条至第九条的规定，城市规划编制调研基础资料是否达到《中华人民共和国城市规划法》第十七条以及配套法规规定的要求，规划纲要（方案）、成果的编制内容、深度是否符合《城市规划强制性内容暂行规定》及其他城市规划法规的要求。

第十章 低碳时代城市规划的管理探究

2. 城市规划审批监督管理

城市规划审批监督管理中,要点包括城市规划审批受理是否符合《中华人民共和国城市规划法》的有关规定;城市规划的审查专家组成是否合理,审查依据充足;城市规划审查程序、时限是否符合《城镇体系规划编制审批办法》《城市总体规划审查工作规则》及《中华人民共和国城市规划法》第二十一条的规定;应公示的规划方案、成果是否公示征求意见、展示;规划批复的依据是否合理,符合法定程序。

3. 城市规划实施监督管理

城市规划实施监督管理中,要点包括城市规划证(书)的核发依据是否充足,城市规划证(书)的核发是否符合法定程序,城市规划工程建设的两证一书及相关文件是否齐备,城市规划实施是否严格按照城市规划的要求进行工程建设,建设工程的竣工验收是否符合《中华人民共和国城市规划法》第十九条的规定,城市规划实施管理是否符合《中华人民共和国行政许可法》的要求。如果不符合相关规定,还要接受相应的行政处罚,具体内容将在后文展开分析。

(二)公众监督管理业务基本流程

公众城市规划监督管理业务基本流程如图 10-5 所示。

(1)城市规划公众监督管理部门通过电话、信函、网站等形式接到针对城市规划编制、审批、实施等方面的公众意见(举报)后应受理公众意见(举报)。

(2)城市规划公众监督管理部门受理社会意见(举报)后,根据公众意见(举报)内容,交相关部门进行公众意见(举报)内容核实。

(3)如公众意见(举报)属实,应由城市规划相关部门对违反城市规划的单位(或个人)进行处理。

▲ 低碳时代的城市规划与管理探究

(4)城市规划公众监督管理部门可通过电话、信函、网站、报纸等形式对社会意见(举报)的处理结果向公众进行反馈。

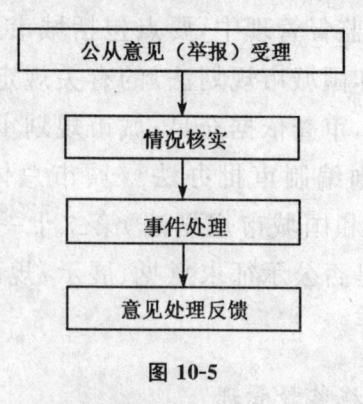

```
公从意见（举报）受理
       ↓
    情况核实
       ↓
    事件处理
       ↓
   意见处理反馈
```

图 10-5

三、城市规划实施的监督检查管理

城市规划实施的监督检查管理是城市规划管理中一项不可或缺的管理工作。城市规划实施的结果,要通过城市规划实施的监督检查管理予以保障和反馈,使城市规划管理形成一个封闭的系统。根据《中华人民共和国城乡规划法》第五十三条、第六十四条的规定,城市规划实施监督检查管理实行行政检查和行政处罚制度。

(一)城市规划行政检查

城市规划行政检查有依据申请检查和依据职能检查两种。

1. 依据申请检查

所谓依据申请检查,即由建设单位提出申请,城市规划管理部门赴现场检查。检查的内容包括两项:建设工程开工复验灰线、建设工程竣工规划验收。

(1)建设工程开工复验灰线

灰线是指建设工程开工放样的标示线,一般用石灰线标示。建筑工程复验灰线。应检查下列内容:第一,检查建筑工程施工现场是否悬挂建设工程规划许可证。第二,检查建筑工程总平面放样是否符合建设工程规划许可证核准的图纸。第三,检查建筑工程基础的外沿与道路规划红线、与相邻建筑物外墙、与建设用地边界的距离。第四,检查建筑工程外墙长、宽尺寸。第五,查看基地周围环境及有无架空高压电线等对建筑工程施工有相应要求的情况。

沿路建筑工程或基地内有规划城市道路的建筑工程,城市规划管理部门先委托城市测绘部门订立道路红线界桩,再检查上述内容。

市政管线或市政交通工程复验灰线。城市规划管理部门先委托城市测绘部门订立城市道路红线界桩,然后检查新埋设的管线或新辟筑道路的中心线位置。

(2) 建设工程竣工规划验收

全面检查建设工程是否符合建设工程规划许可证及其核准的图纸要求。

2. 依据职能检查

依据职能检查又分组织普查和随机检查。就组织普查而言,指的是城市规划管理部门集中一段时间,组织人力对建设用地和建设活动依法进行普遍检查,如发现违法用地、违法建设,分别进行处理。就随机检查而言,即建设单位或个人在施工过程中,城市规划管理部门随机对其建设活动(其中包括在城市规划区内挖取砂石、土方等活动)进行现场检查。

城市规划行政检查注意以下几个事项。第一,检查人员执行检查时,必须两人以上,并应当佩戴公务标志,主动出示证件。第二,实施行政检查时,监督检查人员应当通知被检查人在现场,检查必须公开进行。第三,依申请检查必须及时,不能超过正常时间。第四,对检查结果承担法律责任。行政检查作为一项行政行为,同样会有法律效力。行政检查影响建设单位和个人的权利和义务,将会直接或者间接地妨碍其合法权利的行使,甚至给其造成经济损失。但是,只要行政检查合法正当,城市规划管理部门可以对此不承担责任。如果行政检查违法或者不当,不管检查人员是否有过错,一律由城市规划管理部门承担责任。

(二)城市规划行政处罚

城市规划行政处罚,主要是对违反城市规划法律和法规、违反依法制定的城市规划、违反城市规划管理部门依法核发的建设用地规划许可证和建设工程规划许可证的违法占地和违法建设行政的处罚。违法建设影响了规划实施,加剧了城市环境的恶化,并存在着诸多安全隐患。

1.违法建设的种类和特点

(1)违法建设的种类

违法建设包括以下情况。第一,侵占集体土地、非法买卖土地的。第二,占压规划红线的,占用消防通道、地下工程、防洪设施、高压供电走廊的,影响输配电安全的。第三,侵占城市道路、公共绿地、公共场所、广场、公共停车场、城区河道及两岸水利设施的。第四,在旧城区范围内见缝插针进行扩建、搭建住宅及附属用房的,在居住小区(组团)内进行违法零星搭建的。第五,侵占城市水源绝对保护区、风景名胜区、自然保护区、文物保护区范围的。第六,不符合城市容貌和环境卫生标准的。第七,已责令其停止建设而继续强行建设的。第八,其他违反法律规范规定建设的。

违法建设根据违反审批程序可以分为以下几种情况。

第一,少批多建。建设单位依法取得一书两证,但在施工建设时,随意改变尺寸,往往是超出许可证核定的准建面积。

第二,未批先建。这类违法建设主要是指未取得《建设用地规划许可证》《建设工程规划许可证》而占用土地或者施工建设的。

第三,批东建西。建设单位报批与实际建设地点不相符合。

第四,批后违建。建设单位未按已经审定的图纸施工,改变建筑的外部形态与使用功能。

(2)违法建设的特点

第一,突击施工。一般情况下,利用双休日、节假日突击施工进行违法建设的居多。第二,屡拆屡建。常常是由于缺乏有效的打击举措,拆后又建的违法建设明显增多。第三,集体违法,多是群众一哄而起搞违法建设,也有集体单位进行违法建设。第四,公然对抗。肆意阻挠行政人员进行执法,甚至对行政人员进行人身攻击,暴力抗法。第五,居民个体违法建设规模小、形成快、分散隐蔽,如果执法打击力度不够,极易形成区域性、多发性蔓延趋势。

2. 城市规划行政处罚措施

《中华人民共和国城乡规划法》第六章法律责任规定了违法建设的各项处罚措施。根据违反建设的情节轻重,其处罚措施一般包括责令停止建设、限期改正、限期拆除、没收实物或者违法收入、罚款、查封施工现场、强制拆除等。

3. 城市规划行政处罚程序

城市规划行政处罚是在行政检查中发现违法用地或违法建设,进一步调查、取证的基础上进行的。根据我国《行政处罚法》规定,城市规划行政处罚适用于一般程序和听证程序。

(1)一般程序即立案→调查→告知与申辩→做出处罚决定→送达处罚决定书。

(2)听证程序。设置听证程序的目的有两个:一是要保证行政处罚的合法、公正、公开;二是赋予行政相对方的申诉权。

4. 城市规划行政处罚决定书的内容

对于决定给予行政处罚的案件,应制作行政处罚决定书。制作这一重要的法律文书应当规范化,根据我国《行政处罚法》第三十九条的规定,"行政处罚决定书"应当载明以下事项:当事人的姓名或者名称、地址;违反法律、法规或者规章的事实和证据;行政处罚的履行方式和期限;申请行政复议或者提起行政诉讼的途径和期限等。

参考文献

[1]叶祖达,龙惟定.低碳生态城市规划编制总体规划与控制性详细规划[M].北京:中国建筑工业出版社,2016.

[2]阳建强.城市规划与设计(第2版)[M].南京:东南大学出版社,2015.

[3]李岚编.城市规划与管理(第2版)[M].大连:东北财经大学出版社,2014.

[4]仇保兴.弘扬传承与超越——中国智慧生态城市规划建设的理论与实践[M].北京:中国建筑工业出版社,2014.

[5]何晖.生态文明视角下的城市规划管理[M].湘潭:湘潭大学出版社,2014.

[6]蔡志昶.生态城市整体规划与设计[M].南京:东南大学出版社,2014.

[7]谭婧婧,董凯.城市规划原理与设计[M].北京:北京大学出版社,2013.

[8]顾朝林.气候变化与低碳城市规划(第2版).南京:东南大学出版社,2013.

[9]王克强,等.城市规划原理(第2版)[M].上海:上海财经大学出版社,2008.

[10]程道平.现代城市规划[M].北京:科学出版社,2010.

[11]卢新海,张军.现代城市规划与管理[M].上海:复旦大学出版社,2006.

[12]曹型荣,等.城市规划实用指南[M].北京:机械工业出版社,2008.

[13]王江萍.城市详细规划设计[M].武汉:武汉大学出版

社,2011.

[14]戴慎志.城市规划与管理[M].北京:中国建筑工业出版社,2010.

[15]吴志强,李德华.城市规划原理(第4版)[M].北京:中国建筑工业出版社,2010.

[16]闫学东.城市规划[M].北京:北京交通大学出版社,2011.

[17]陈双,贺文.城市规划概论[M].北京:科学出版社,2006.

[18]耿慧志.城市规划管理教程[M].南京:东南大学出版社,2008.

[19]施建刚.房地产开发与管理(第3版)[M].上海:同济大学出版社,2014.

[20]冯现学.快速城市化进程中的城市规划管理[M].北京:中国建筑工业出版社,2006.

[21]赖明,张国成.城市数字化工程(上册)[M].北京:中国城市出版社,2006.

[22]杨永杰,等.碳市场研究[M].成都:西南交通大学出版社,2011.

[23]陈锦富.城市规划概论[M].北京:中国建筑工业出版社,2005.

[24]姜竺卿.温州地理(人文地理分册·上、下)[M].北京:生活·读书·新知三联书店,2015.

[25]李中东.区域经济学[M].北京:经济管理出版社,2012.

[26]姜乃力.现代城市地理研究[M].沈阳:辽宁大学出版社,2005.

[27]孙施文.现代城市规划理论[M].北京:中国建筑工业出版社,2005.

[28]苏德利,等.居住区规划(第2版)[M].北京:机械工业出版社,2013.

[29]邹德慈.城市规划导论[M].北京:中国建筑工业出版

社,2002.

[30]阳建强,吴明伟.现代城市更新[M].南京:东南大学出版社,1999.

[31]吴良镛.北京旧城与菊儿胡同[M].北京:中国建筑工业出版社,1994.

[32]单霁翔.城市化发展与文化遗产保护[M].天津:天津大学出版社,2006.

[33]王庆海.现代城市规划与管理(第2版)[M].北京:中国建筑工业出版社,2007.

[34]周一星.城市地理学[M].北京:商务印书馆,1997.

[35]戴均良.中国城市发展史[M].哈尔滨:黑龙江人民出版社,1992.

[36]郑毅.城市规划手册[M].北京:中国建筑工业出版社,2000.

[37]William N. Dunn.公共政策分析导论[M].谢明,等译.北京:中国人民大学出版社,2002.

[38] M Wachernagel. E R William Rees. Our Ecological Footprint:Reducing Human Impact on the Earth[M]. Gabriola Island:New Society Publishers,1996.

[39]李鹏飞.我国分区规划的发展及转型研究[D].南京大学硕士论文,2015.

[40]赵毅,刘晖,沈政.城市更新由无序走向有序的过程——以浙江诸暨市老城区城市更新实践为例[J].华中建筑,2006(12).

[41]张茜茜.中国城市更新的迷茫与出路——专访东中西部区域发展和改革研究院执行院长于今[J].中国不动产,2006(6).

[42]陈莹,张安录.城市更新过程中的土地集约利用研究——以武汉市为例[J].农业经济,2005(4).

[43]朱洪波.城市更新:均衡与非均衡——对城市更新中利益平衡逻辑的分析[J].兰州学刊,2006(10).

[44]尹娜.关于城市规划中公众参与的思考[J].理论导刊,2005(7).

[45]欧定华,夏建国,张莉,等.区域生态安全格局规划研究进展及规划技术流程探讨[J].生态环境学报,2015(1).

[46]朱强,俞孔坚,李迪华.景观规划中的生态廊道宽度[J].生态学报,2005(9).

[47]杨培峰,易劲."生态"理解三境界——兼论生态文明指导下的生态城市规划研究[J].规划师,2013(1).

[48]工宁,刘平,黄锡欢.生态承载力研究进展[J].中国农学通报,2004(6).

[49]熊鸿斌,李远东,谷良平.生态足迹在城市规划环评中的应用[J].合肥工业大学学报(自然科学版),2010(6).

[50]俞孔坚,王思思,李迪华,等.北京市生态安全格局及城市增长预景[J].生态学报,2009(3).

[51]穆英华,乔恒.试论城市分区规划[J].城市问题,1987(2).